MikroComputer-Praxis

Herausgegeben von
Dr. L. H. Klingen, Bonn, Prof. Dr. K. Menzel, Schwäbisch Gmünd
und Prof. Dr. W. Stucky, Karlsruhe

PASCAL
in 100 Beispielen

Von

Prof. Dr. Thomas Ottmann, Karlsruhe
Michael Schrapp, Karlsruhe
Dr. Peter Widmayer, Karlsruhe

B. G. Teubner Stuttgart 1983

CIP-Kurztitelaufnahme der Deutschen Bibliothek

Ottmann, Thomas:
PASCAL in 100 Beispielen / von Thomas Ottmann;
Michael Schrapp; Peter Widmayer. —
Stuttgart : Teubner, 1983.
  (MikroComputer-Praxis)
  ISBN-13: 978-3-519-02515-3   e-ISBN-13: 978-3-322-84817-8
  DOI: 10.1007/978-3-322-84817-8
NE: Schrapp, Michael:; Widmayer, Peter:

Gesamtherstellung: Beltz Offsetdruck, Hemsbach/Bergstraße
Umschlaggestaltung: W. Koch, Sindelfingen

Vorwort

In den mehr als 10 Jahren, die seit dem Entwurf und der ersten Implementierung der Sprache Pascal vergangen sind, ist eine kaum noch zu übersehende Fülle von Pascal-Einführungs- und Lehrbüchern veröffentlicht worden. Natürlich werden die Eigenschaften und Möglichkeiten der Sprache stets an einigen Beispielen erläutert. Dennoch wird mancher Leser - wie wir - die Erfahrung gemacht haben, daß der Fundus der Beispiele unzureichend oder zu weit verstreut ist, um die Sprache richtig zu lehren, zu lernen, und die Technik des Problemlösens mit Hilfe von Pascal systematisch einüben zu können. Wir hoffen, mit dieser Sammlung von Beispielen dazu beizutragen, diesem Mangel abzuhelfen. Den Kern der vorliegenden Sammlung bilden Probleme, die für die Programmierausbildung künftiger Diplom-Wirtschaftsingenieure an der Universität Karlsruhe verwendet werden. Man kann das insbesondere an einigen Beispielen zu grundlegenden DV-Algorithmen und Optimierungsaufgaben unschwer ablesen. Dennoch haben wir stets darauf geachtet, beim Leser keine Spezialkenntnisse vorauszusetzen. Mathematische Kenntnisse und Fertigkeiten, wie sie etwa bis zum Abschluß der Mittelstufe des Gymnasiums vermittelt werden, ein waches Auge für die (kleinen) Probleme des Alltags und - last but not least - ein Lehr- oder Handbuch für die Sprache Pascal sollten zum Verständnis sämtlicher Programmbeispiele ausreichen.

Alle Programme sind in UCSD-Pascal geschrieben. Das ist eine spezielle, vor allem auf Mikrorechnern sehr verbreitete Erweiterung der Sprache Pascal. Wir haben uns darum bemüht, vom Sprachstandard nicht allzuweit abzuweichen, und bei weitem nicht alle Möglichkeiten des UCSD-Pascal verwendet. Insbesondere haben wir auf die gerade für die Entwicklung größerer Software-Produkte unerläßliche Möglichkeit zur Bildung separat kompilierbarer Units ganz verzichtet.

Diese Sammlung wäre nicht zustande gekommen ohne die konstruktive Kritik zahlreicher Studenten, die von unseren Kollegen H. Kleine Büning, H. W. Six und L. Wegner gesammelten und an uns weitergegebenen Erfahrungen, und die technische Unterstützung von G. Feller, M. Menzel und S. Reiniger. Ihnen allen sind wir zu Dank verpflichtet. Dem Leser schließlich wären wir dankbar, wenn er uns auf Fehler oder gar schönere Probleme und bessere Lösungen hinweisen würde.

Karlsruhe, im August 1983

T. O.

M. S.

P. W.

Inhalt

1. Einleitung

Die zu Beginn der siebziger Jahre von N. Wirth an der ETH Zürich entwickelte Programmiersprache Pascal hat sich inzwischen als erste Sprache in der Programmierausbildung an Universitäten durchgesetzt. Da die Sprache grundlegende Konzepte moderner Programmiersprachen einschließt, insbesondere die wichtigsten inzwischen akzeptierten Prinzipien zur Strukturierung von Daten und Anweisungen, werden Pascal-ähnliche Sprachen in zunehmendem Maße auch als sprachliches Mittel zur Formulierung von Algorithmen benutzt. Ohne die relativ einfache Implementierbarkeit der Sprache vor allem auf Mini- und Mikrorechnern hätte die Sprache aber wohl kaum ihren Siegeszug um die Welt antreten können: Neben BASIC ist Pascal zur bevorzugten Programmiersprache für Personalcomputer geworden. Besonders weit verbreitet ist eine an der University of California at San Diego entwickelte Implementation, das sogenannte UCSD-Pascal. Es handelt sich dabei um ein eigenständiges System, das Einbenutzer-Betriebssystem-Funktionen und ein um zahlreiche Zusätze erweitertes Pascal einschließt. Vor allem die Möglichkeiten zur Textverarbeitung, zur Graphik und zur Bildung getrennt compilierbarer Units machen UCSD-Pascal zu einem auch für größere Anwendungen brauchbaren Instrument.

Die in diesem Buch enthaltenen Programmbeispiele sind sämtlich in UCSD-Pascal für den Apple II plus geschrieben worden; sie sind dort ohne inhaltliche Änderungen ausführbar. Es sollte aber nicht schwer sein, die meisten Beispiele an andere Dialekte der Sprache Pascal anzupassen. Weil der Apple II eine Einbenutzermaschine ist, die üblicherweise im Dialog betrieben wird, haben wir die Beispiele auf diese Situation besonders zugeschnitten.

Die Beispiele sind nach zunehmendem Schwierigkeitsgrad angeordnet. Häufig hängen mehrere Probleme miteinander zusammen und machen Gebrauch von vorher angegebenen (Teil-) Lösungen. Durch diese Methode und durch die in die Programmtexte eingestreuten Kommentare soll der Leser in die Lage versetzt werden, die schrittweise Lösung eines Problems nachzuvollziehen. Wir haben uns also bemüht, unsere Beispielprogramme "selbstdokumentierend" zu schreiben.

Was kann eine Sammlung von Programmbeispielen leisten? Erinnern wir uns daran, wie wir unsere Muttersprache gelernt haben: Wir haben die Sprache unserer Umgebung abgelauscht, in erster Linie den Eltern, und sie längst weitgehend beherrscht, bevor wir in der Schule die ersten Regeln zur korrekten Bildung von Sätzen, also die Grammatik, studiert haben. Kann man eine Programmiersprache genauso lernen? Sicher nicht, denn:
- unsere Welt ist glücklicherweise noch nicht so sehr von Computern beherrscht, daß Programmiersprachen zum üblichen Verständigungsmittel geworden sind,
- wir können uns nicht einfach in unsere Kindheit zurückversetzen lassen und

- in der Welt der Programmiersprachen herrscht eine wahrhaft babylonische Sprachverwirrung.

Wenn auch die rein induktive Lernmethode für eine Programmiersprache wohl kaum in Frage kommt, ist das Studium von Programmbeispielen dennoch sinnvoll: Sind sie überzeugend, prägnant und einsichtig, wird (hoffentlich) manches Beispiel haften bleiben und als Paradigma für ähnliche Fälle dienen können. Auch bei einer (vorwiegend) deduktiven Lehr- und Lernmethode kann man auf Beispiele zur Erläuterung der Regeln und Ausdrucksmöglichkeiten einer Sprache nicht verzichten. Die in diesem Buch enthaltene Sammlung liefert dazu einiges Material. Schließlich kann eine Menge lernen, wer die zahlreichen Varianten und Zusatzprobleme zu den vollständig ausgearbeiteten Beispielen löst.

Dies ist also kein Lehrbuch über die Programmiersprache Pascal. Wir haben im vierten Kapitel nur die wichtigsten Merkmale der Sprache Pascal und des UCSD-Systems systematisch zusammengestellt. Viele Möglichkeiten, Besonderheiten und Erweiterungen, die das UCSD-Pascal gegenüber Standard-Pascal bietet, bleiben unerwähnt. Zur Klärung von Zweifelsfällen wird der Leser die einschlägigen Handbücher zu Hilfe nehmen müssen, ein auch bei einem erfahrenen Programmierer ganz normaler Vorgang.

Programmierhandbücher und definierende Dokumente sind üblicherweise in Englisch geschrieben. Denn - ob wir das begrüßen oder nicht - Englisch hat sich zur lingua franca der Informatik entwickelt. Wir benutzen deshalb manchmal nur englische und manchmal deutsche und englische Fachausdrücke nebeneinander.

2. Hundert Pascal-Beispiele

Die folgenden 100 Beispiele umfassen stets die Problemstellung, die Beschreibung der Grundzüge des Lösungswegs, und das die Aufgabe lösende Pascal-Programm. Obwohl wir bestrebt sein mußten, die Programme klein zu halten, haben wir doch wenigstens an einigen Stellen das Konzept der Entwicklung größerer Programme durch Modularisierung und schrittweise Verfeinerung zu illustrieren versucht. Wir haben dazu komplexe Probleme in kleinere Teilprobleme zerlegt, diese in einem separaten Kontext jeweils als eigene Beispiele gelöst, und Teile der so entstandenen Programme im Programm zur Lösung des komplexeren Problems verwendet. Auf solche Programmteile haben wir durch einen Kommentar der Form (* Hier: ... *) hingewiesen, den Programmteil selbst haben wir aber nicht nochmals angegeben. Das vollständige Programm erhält man, indem man den Kommentar durch den spezifizierten Programmteil ersetzt. Zu den meisten Beispielen haben wir Bemerkungen gemacht, die das Verständnis vertiefen helfen sollen und die Möglichkeit bieten, auf der Grundlage der gestellten Aufgabe und der angebotenen Lösung an Variationen des Themas zu üben. Diese Teile eines jeden Beispiels sollten stets in der genannten Reihenfolge studiert werden; nur aus Platzgründen haben wir manchmal die Bemerkungen dem Programm vorangestellt.

Die Beispiele sind im großen und ganzen nach zunehmendem Schwierigkeitsgrad geordnet, soweit dieser Ordnung nicht typographische Gesichtspunkte entgegengestanden haben. Jede Aufgabe ist einem Thema (in Klammern hinter dem Aufgabentitel) zugeordnet, und jede Lösung ist durch diejenigen Merkmale der Sprache Pascal (in Klammern hinter dem Lösungsweg) klassifiziert, die am Beispiel illustriert werden sollen. Das heißt natürlich nicht, daß diese Sprachmerkmale nicht auch in anderen Programmen verwendet worden sind. Eine Tabelle mit Verweisen am Ende des Buches erlaubt die Auswahl der Aufgaben nach beiden Kriterien. Diese Klassifizierung haben wir für die beiden Fallstudien zur Dateiverwaltung und zur Graphik und für das letzte Beispiel (Tic Tac Toe) nicht vorgenommen, weil es uns hier in erster Linie um die Entwicklung und den Aufbau größerer Programme und nicht so sehr um einzelne Pascal-Merkmale gegangen ist.

Die Pascalprogramme sind in UCSD-Pascal mit sehr wenigen apple-spezifischen Merkmalen geschrieben worden und auf einem Apple II plus gelaufen. Dann sind diejenigen Programmteile, Prozeduren und Funktionen, die aus anderen Programmen stammen, aus den Programmtexten entfernt worden; die entstandenen Lücken haben wir durch hinweisende Kommentare gekennzeichnet. Die so aufbereiteten Programmtexte sind über eine Datenleitung auf einen Kleinrechner übertragen und dort durch einen Programm-Formatierer automatisch optisch aufbereitet worden. Schließlich sind zum Zweck der Ausgabe der Programmtexte mit einem Drucker, der über verschiedene Schrifttypen und eine gewisse "Intelligenz" verfügt, notwendige

Änderungen vorgenommen und Steuerungskommandos eingefügt worden. Wir haben alle Eingriffe mit großer Sorgfalt vorgenommen und das jeweilige Produkt so gut als möglich auf seine Korrektheit überprüft. Wir nehmen daher an, daß sich keine Fehler eingeschlichen haben und zahlen jedem 1000 DM (tausend Mark), der jjfkjk ncusfgl Ffhkerel jhalkjhg pooäqq;l,//"ö/INTERRUPTED BY SYSTEM IN LINE 471100

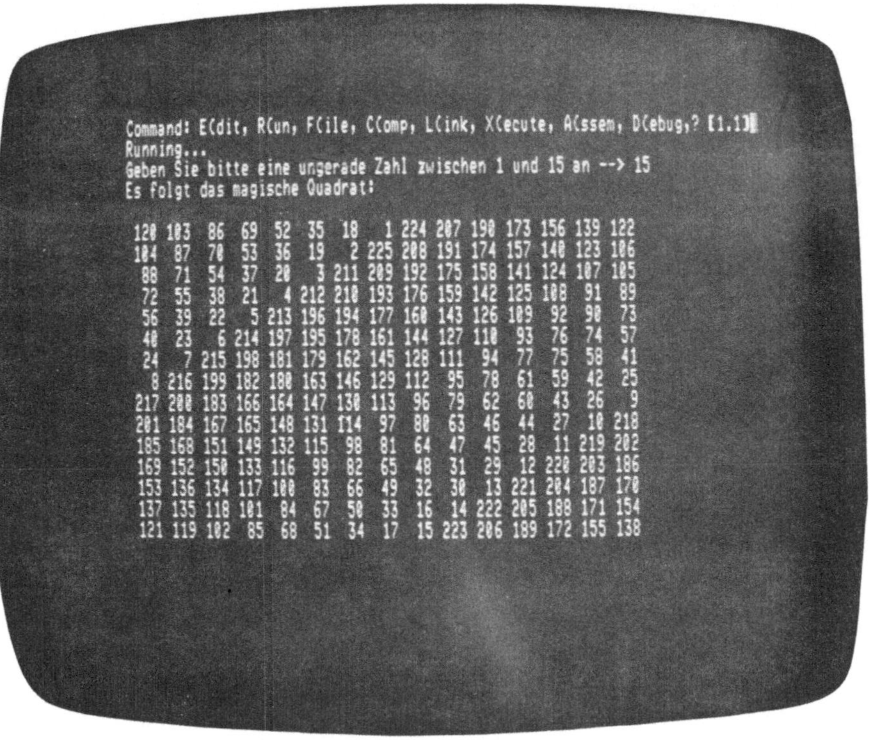

```
Command: E(dit, R(un, F(ile, C(omp, L(ink, X(ecute, A(ssem, D(ebug,? [1.1]
Running...
Geben Sie bitte eine ungerade Zahl zwischen 1 und 15 an --> 15
Es folgt das magische Quadrat:

120 103  86  69  52  35  18   1 224 207 190 173 156 139 122
104  87  70  53  36  19   2 225 208 191 174 157 140 123 106
 88  71  54  37  20   3 211 209 192 175 158 141 124 107 105
 72  55  38  21   4 212 210 193 176 159 142 125 108  91  89
 56  39  22   5 213 196 194 177 160 143 126 109  92  90  73
 40  23   6 214 197 195 178 161 144 127 110  93  76  74  57
 24   7 215 198 181 179 162 145 128 111  94  77  75  58  41
  8 216 199 182 180 163 146 129 112  95  78  61  59  42  25
217 200 183 166 164 147 130 113  96  79  62  60  43  26   9
201 184 167 165 148 131 114  97  80  63  46  44  27  10 218
185 168 151 149 132 115  98  81  64  47  45  28  11 219 202
169 152 150 133 116  99  82  65  48  31  29  12 220 203 186
153 136 134 117 100  83  66  49  32  30  13 221 204 187 170
137 135 118 101  84  67  50  33  16  14 222 205 188 171 154
121 119 102  85  68  51  34  17  15 223 206 189 172 155 138
```

1. <u>Versumpft</u> (Alltagsprobleme)

In den pascalinischen Sümpfen leben die vier Stämme der Asis, Belas, Cedis und Drudis. Forschungen ergaben, daß es vier Eigenschaften gibt, die eine Unterscheidung der Stämme erlauben: ein Bewohner der Sümpfe kann (muß aber nicht) manuseln, einen Knelt haben, löpsen und nopeln.

Man weiß, daß nur die Asis einen Knelt haben und manuseln. Hat jemand keinen Knelt und nopelt, dann ist er gewiß ein Bela. Ein Bewohner mit Knelt, der nicht manuselt, ist ein Cedi, wenn er immer nopelt. Wer keinen Knelt hat und löpst, nie nopelt und stets manuselt, ist mit Bestimmtheit ein Cedi; würde er nicht manuseln, wäre er ein Drudi. Es ist geradezu typisch für Drudis, daß sie weder manuseln noch nopeln, aber einen ordentlichen Knelt haben. Ganz enthaltsame Bewohner, die keinen Knelt haben, nicht löpsen und nicht nopeln, sind Drudis, wenn sie manuseln, und Cedis, wenn sie nicht manuseln.

Ein Programm soll die vier Eigenschaften eines Sumpfbewohners erfragen (Antwort J/N für Ja/Nein) und eine Diagnose liefern, zu welchem Stamm dieser gehört.

<u>Lösungsweg</u> (If)

Die Zuordnung der Kombinationen der Eigenschaften zu den Stämmen ist eindeutig. Eine geschachtelte bedingte Anweisung, die genau der vorgegebenen Beschreibung folgt, löst das Problem.

<u>Bemerkungen</u>

Wenn Sie sich tiefer in die pascalinischen Sümpfe begeben wollen, dann lösen Sie doch einfach die restlichen 99 Probleme. Danach gelten Sie als echter Asi.

```pascal
PROGRAM sumpf (input, output);
VAR
    knelt, loepst, manuselt, nopelt : boolean;
    antwort : char;
BEGIN
    writeln ('Willkommen in den pascalinischen Suempfen. Blubblub.');
    write ('Hat Ihr pascalinischer Freund einen Knelt ',
          '(Antwort J fuer ja, N fuer nein) --> ');
    readln (antwort);
    knelt := antwort = 'J';
    write ('Loepst er womoeglich (J/N) --> ');
    readln (antwort);
    loepst := antwort = 'J';
    write ('Zur Manuseligkeit: manuselt er (J/N) --> ');
    readln (antwort);
    manuselt := antwort = 'J';
    write ('und jetzt ein Letztes: nopelt er etwa (J/N) --> ');
    readln (antwort);
    nopelt := antwort = 'J';
    IF knelt AND manuselt THEN antwort := 'A'
    ELSE IF NOT knelt AND nopelt THEN antwort := 'B'
    ELSE IF knelt AND NOT manuselt AND nopelt THEN antwort := 'C'
    ELSE IF NOT knelt AND loepst AND NOT nopelt AND manuselt THEN antwort := 'C'
    ELSE IF NOT knelt AND loepst AND NOT nopelt AND NOT manuselt
            THEN antwort := 'D'
    ELSE IF NOT manuselt AND NOT nopelt AND knelt THEN antwort := 'D'
    ELSE IF NOT knelt AND NOT loepst AND NOT nopelt AND manuselt
            THEN antwort := 'D'
    ELSE IF NOT knelt AND NOT loepst AND NOT nopelt AND NOT manuselt
            THEN antwort := 'C'
    ELSE antwort := 'F';
    IF antwort = 'A' THEN write ('Ein Asi. Gratuliere!')
    ELSE IF antwort = 'B' THEN write ('Beachtlich: ein Bela!')
    ELSE IF antwort = 'C' THEN write ('Ein Cedi. Naja...')
    ELSE IF antwort = 'D' THEN write ('Um Himmels Willen, ein Drudi!')
    ELSE (* Denkfehler des Programmierers *)
        write ('Ein Gespenst! Das darf nicht sein!')
END (* sumpf *).
```

2. Temperatur (Alltagsprobleme)

Die Temperatur in Fahrenheit (F) ist aus derjenigen in Celsius (C) durch die Formel

$$F = C \cdot 9/5 + 32$$

berechenbar.

Für einen einzugebenden Temperaturwert in Celsius soll der entsprechende Wert in Fahrenheit ermittelt und dem Eingabewert gegenübergestellt werden.

Beispiel

Geben Sie bitte eine Temperatur in Celsius an --> 0
0.00 Grad Celsius = 32.00 Grad Fahrenheit.

Lösungsweg (Ein-, Ausgabe)

Zur Lösung dieser Aufgabe genügt es, einen Wert einzulesen, einen neuen Wert wie angegeben zu berechnen und beide Werte - wie im Beispiel gezeigt - auszugeben.

```
PROGRAM temperatur (input, output);
VAR
    celsius : real;
BEGIN
    write ('Geben Sie bitte eine Temperatur in Celsius an --> ');
    readln (celsius);
    writeln (celsius : 4 : 2, ' Grad Celsius = ', celsius * (9 / 5) + 32 : 4 : 2,
        ' Grad Fahrenheit.')
END (* temperatur *).
```

Bemerkungen

Ändern Sie das Programm so ab, daß es

(a) Grad Celsius in Grad Kelvin umwandelt.

(b) Grad Celsius in Grad Reaumur umwandelt.

(c) eine Tabelle zur Temperaturumwandlung in einem anzugebenden Temperaturbereich ausgibt.

3. Landwirtschaft (Algebra, Alltagsprobleme)

Bauer Ignaz hat einen Acker, dessen Länge und Breite ihm bekannt sind, und dessen Fläche er zur Erzielung eines zünftigen Verkaufspreises gerne wissen möchte. Schreiben Sie ein Programm, das Ignaz die Fläche seines Ackers und den Verkaufspreis mitteilt, wenn er Länge und Breite (in ganzen Metern) und den Quadratmeterpreis (in Mark pro Quadratmeter) eingibt.

Lösungsweg (Ein-, Ausgabe)

Wir verwenden die Standardprozedur *write*, um die Eingabe der Länge und Breite anzufordern. Mit der Standardprozedur *read* lesen wir die beiden Werte ein. Anschließend berechnen wir das Produkt und geben es aus. Dann fordern wir die Eingabe des Quadratmeterpreises an, berechnen den Verkaufspreis, und geben ihn aus.

```
PROGRAM landwirtschaft (input, output);
VAR
    laenge, breite, flaeche, preis, gesamtpreis : integer;
BEGIN
    write ('Bauer Ignaz, wie lang ist dein Acker --> ');
    readln (laenge);
    write ('und wie breit ist er --> ');
    readln (breite);
    flaeche := laenge * breite;
    writeln ('Dann ist er ', flaeche, ' Quadratmeter gross.');
    write ('Welchen Quadratmeterpreis soll er kosten --> ');
    readln (preis);
    gesamtpreis := preis * flaeche;
    write ('Dann musst du ', gesamtpreis, ' Mark fuer ihn verlangen.');
END (* landwirtschaft *).
```

Bemerkungen

Man ändere das Programm so ab, daß es

(a) bei gegebenem Verkaufspreis und Quadratmeterpreis die erforderliche Fläche des Ackers berechnet.

(b) die Berechnung wie bei (a) anstellt, aber Bauer Ignaz warnt, wenn er seinen Acker verschenken will (Quadratmeterpreis = 0).

4. Bonbonsteuer (Alltagsprobleme)

Zur Abwendung des Staatsbankrotts erwägt die Regierung von Phantasieland die Einführung einer Bonbonsteuer. Die bisher steuerfreien Bonbons sollen künftig mit einem Verbrauchssteuersatz von p% belegt werden. Allerdings haben Umfragen ergeben, daß eine Verteuerung der Bonbons um p% zu einem Verbrauchsrückgang von xp% führen würde, mit festem positivem einzugebendem x.

Wie soll die Regierung den Steuersatz p wählen, wenn sie eine möglichst große Steuereinnahme erzielen möchte?

Lösungsweg (Ein-, Ausgabe)

Ist V der Umsatz im Bonbonverkauf vor Einführung der Steuer, so geht dieser bei Einführung der Steuer auf $V' = V - Vxp/100 = V(1 - xp/100)$ zurück. Die Steuereinnahme aus diesem niedrigeren Verbrauch beträgt $S_p = V'p/100 = V(1 - xp/100)(p/100)$.

S_p wird maximal, wo die Funktion $f(p) = 100 \cdot 100 \cdot S_p/V = p(100 - xp)$ ihr Maximum annimmt; das ist der Fall für $p = 100/2x$.

```pascal
PROGRAM bonbonsteuer (input, output);
VAR
   x, p : real;
BEGIN
   writeln ('Bonbonsteuersatz p wird berechnet, wenn Verbrauchsrueckgang x*p ist.');
   write ('Wert fuer x > 0 --> ');
   readln (x);
   IF x <= 0
      THEN write ('Das kann ja wohl nicht wahr sein. Tschuess...')
      ELSE write ('Bonbons werden kuenftig mit ', 50 / x : 6 : 2,
               '% Steuer belegt. Tschuess...')
END (* bonbonsteuer *).
```

5. Molotow (Alltagsprobleme)

Die Firma Molotow beschließt, ihre weltbekannten Cocktails künftig nur noch durch Post, Bahn oder Spedition zu versenden, nachdem sämtliche persönlichen Kuriere durch vorzeitigen Cocktailgenuß ihr Leben gelassen haben.

Bei den quaderförmig in viel Holzwolle verpackten Cocktails erfolgt Postversand, wenn keine Kante länger als 75 cm ist und die drei verschiedenen Kanten zusammen höchstens 1,50 m ergeben. Das Gewicht darf dabei 20 kg nicht überschreiten. Falls Postversand nicht möglich ist, soll Bahnversand gewählt werden, sofern das Volumen 2 m^3 und das Gewicht 0,3 Tonnen nicht übersteigt. Ansonsten muß per Spedition verschickt werden.

Ein Programm soll das Gewicht (in kg) und die Länge, Breite und Höhe (in cm) verwenden, um die Versandart zu ermitteln.

Lösungsweg (If)

Nach der Anforderung und Eingabe der vier Zahlen wird gerade gemäß obiger Angabe durch geschachtelte bedingte Anweisungen geprüft, welche der Versandarten gewählt werden soll. Eine entsprechende Meldung wird ausgegeben.

```pascal
PROGRAM molotow (input, output);
VAR
    gewicht, laenge, breite, hoehe : integer;
BEGIN
    writeln ('Bitte Gewicht (in kg), Laenge, Breite und Hoehe (in cm) eingeben');
    write ('--> ');
    readln (gewicht, laenge, breite, hoehe);
    IF (laenge <= 75) AND (breite <= 75) AND (hoehe <= 75) AND
        (laenge + breite + hoehe <= 150) AND (gewicht <= 20)
      THEN write (' --> Ab die Post. ')
      ELSE
        IF (laenge * breite * hoehe <= 2000000) AND (gewicht <= 300)
          THEN write (' --> Das ist der Zug der Zeit. ')
          ELSE write (' --> Dem Spediteur ist nichts zu schwer. ');
    write ('Tschuess...')
END (* molotow *).
```

Bemerkungen

Ändern Sie Ihre Lösung so, daß die in der Aufgabenstellung fest vorgegebenen Längen-, Gewichts- und Volumengrenzen zunächst eingegeben werden müssen (und insofern flexibel sind).

6. Einkommensteuer (Alltagsprobleme)

Für ein zu versteuerndes Einkommen soll die Höhe der zu entrichtenden Einkommensteuer berechnet werden. Laut §32 (a) Abs.1 EStG beträgt die Einkommensteuer für das Jahr 1983

1. für zu versteuernde Einkommen bis 4212 DM
   0;

2. für zu versteuernde Einkommen von 4213 DM bis 18000 DM
   $0{,}22 \, x - 926$;

3. für zu versteuernde Einkommen von 18001 DM bis 59999 DM
   $\{ [(3{,}05 \, y - 73{,}76) \, y + 695] \, y + 2200 \} \, y + 3034$;

4. für zu versteuernde Einkommen von 60000 DM bis 129999 DM
   $\{ [(0{,}09 \, z - 5{,}45) \, z + 88{,}13] \, z + 5040 \} \, z + 20018$;

5. für zu versteuernde Einkommen von 130000 DM an
   $0{,}56 \, x - 14837$.

x ist das zu versteuernde Einkommen.
y ist ein Zehntausendstel des 18000 DM übersteigenden Teils des zu versteuernden Einkommens.
z ist ein Zehntausendstel des 60000 DM übersteigenden Teils des zu versteuernden Einkommens.

Lösungsweg (lf)

Ein zu versteuerndes Einkommen wird eingelesen. Es wird festgestellt, welcher der fünf oben angegebenen Fälle vorliegt, und dann wird die Steuer nach der entsprechenden Anweisung berechnet.

Bemerkungen

Man beachte, daß alle Berechnungen mit real-Zahlen vorgenommen werden, damit die Beschränkung der Zahlenwerte auf *maxint* entfällt.

Man ändere das Programm so, daß es

(a) §32 (a) Abs.2 EStG berücksichtigt:

"Das zu versteuernde Einkommen ist auf den nächsten durch 54 ohne Rest teilbaren vollen DM-Betrag abzurunden, wenn es nicht bereits durch 54 ohne Rest teilbar ist."

(b) §32 (a) Abs.3 EStG berücksichtigt:

"...sind die sich aus Multiplikationen ergebenden Zwischenergebnisse für jeden weiteren Rechenschritt mit drei Dezimalstellen anzusetzen; die nachfolgenden Dezimalstellen sind fortzulassen. Der sich ergebende Steuerbetrag ist auf den nächsten vollen DM-Betrag abzurunden."

```pascal
PROGRAM steuervomeinkommen (input, output);
VAR
    einkommen, steuer, y, z : real;
BEGIN
    write ('Geben Sie bitte Ihr zu versteuerndes Einkommen an --> ');
    readln (einkommen);
    (* Einkommensteuerberechnung *)
    steuer := 0;
    IF einkommen >= 130000.0
        THEN (* Fall 5 *) steuer := 0.56 * einkommen - 14837.0
        ELSE
            IF einkommen >= 60000.0
                THEN (* Fall 4 *)
                    BEGIN
                        z := (einkommen - 60000.0) / 10000.0;
                        steuer := (((0.09 * z - 5.45) * z + 88.13) * z + 5040) * z + 20018
                    END (* THEN *)
                ELSE
                    IF einkommen >= 18001.0
                        THEN (* Fall 3 *)
                            BEGIN
                                y := (einkommen - 18000.0) / 10000.0;
                                steuer := (((3.05 * y - 73.76) * y + 695) * y
                                    + 2200) * y + 3034
                            END (* THEN *)
                        ELSE
                            IF einkommen >= 4213
                                THEN (* Fall 2 *) steuer := 0.22 * einkommen - 926.0;
    (* Ausgabe *)
    writeln ('Ihre Einkommensteuer betraegt ', steuer : 0 : 2, ' DM.')
END (* steuervomeinkommen *).
```

7. Kapitalverzinsung (Alltagsprobleme)

Der Endwert K_i nach i Jahren eines Anfangskapitals K_0 bei einer Verzinsung (mit Zinseszins) von jährlich p% läßt sich nach der Formel

$$K_i = K_0 \cdot (1 + p/100)^i$$

berechnen.

Für drei einzulesende Werte K_0, p und i soll der Endwert K_i berechnet werden.

Lösungsweg (Schleife)

Die Werte für K_0, p und i werden eingelesen. Mit Hilfe einer i Mal zu durchlaufenden Schleife wird der Kapitalwert K_i berechnet.

```
PROGRAM endwert (input, output);
VAR
   zeitwert, zinssatz : real;
   zeit, i : integer;
BEGIN
   write ('Geben Sie bitte das Anfangskapital an --> ');
   readln (zeitwert);
   write ('Geben Sie bitte den Zinssatz an --> ');
   readln (zinssatz);
   write ('Geben Sie bitte die Zeit an --> ');
   readln (zeit);
   FOR i := 1 TO zeit DO zeitwert := zeitwert * (1 + zinssatz / 100);
   writeln ('Nach ', zeit, ' Jahren ist das Kapital auf DM ',
        zeitwert : 4 : 2, ' angewachsen.')
END (* endwert *).
```

Bemerkungen

Erweitern Sie das Programm so, daß es wahlweise zusätzlich

(a) bei Eingabe des Anfangskapitals und der Verzinsung näherungsweise (in ganzen Jahren) die Zeit ermittelt, nach der sich das Kapital verdoppelt hat.

(b) den Zinssatz ermittelt, mit dem sich ein Anfangskapital in einer vorgegebenen Zeit verdoppelt.

8. K-te Ziffer (Algebra)

Oft ist es erforderlich, die Ziffer an einer bestimmten Stelle in einer positiven ganzen Zahl zu isolieren. Diese Aufgabe soll von einem Programm übernommen werden, das als Eingabe die Zahl sowie die Position der gewünschten Ziffer innerhalb der Zahl verwendet. Die Position wird von rechts gezählt, beginnend bei 1. Wird eine Position angegeben, die größer ist als die Länge der Zahl, so soll die Ziffer an dieser Position die Null sein.

Beispiel

Geben Sie bitte eine positive ganze Zahl <= 32767 ein --> 12345
Die wievielte Ziffer von rechts soll bestimmt werden --> 4
Die 4-te Ziffer von rechts ist 2.

Lösungsweg (Schleife)

Zunächst wird die Eingabe angefordert und eingelesen. Die Zahl wird dann so oft ganzzahlig durch zehn geteilt, bis die gesuchte Ziffer an der letzten Position steht.

```
PROGRAM ktevonrechts (input, output);
VAR
    zahl, position, i : integer;
BEGIN
    write ('Geben Sie bitte eine positive ganze Zahl <= ', maxint, ' ein --> ');
    readln (zahl);
    IF zahl <= 0
        THEN write ('Fehler: keine positive Zahl. Programmabbruch.')
        ELSE
            BEGIN
                write ('Die wievielte Ziffer von rechts soll bestimmt werden --> ');
                readln (position);
                FOR i := 1 TO position - 1 DO zahl := zahl DIV 10;
                writeln ('Die ', position, '-te Ziffer von rechts ist ', zahl MOD 10, '.')
            END (* ELSE *)
END (* ktevonrechts *).
```

Bemerkungen

Schreiben Sie das Programm so um, daß die Berechnung der k-ten Ziffer von rechts durch eine Funktion vorgenommen wird, die für die eingegebene Zahl und k als Argumente die k-te Ziffer der Zahl als Wert liefert. Geben Sie zunächst eine nichtrekursive und dann eine rekursive Lösung an. Beachten Sie dabei, daß die k-te Ziffer von rechts einer Zahl identisch ist mit der (k-1)-ten Ziffer von rechts der ganzzahlig durch 10 geteilten Zahl.

9. <u>Weihnachtsmänner</u> (Optimierung)

Die Firma Dolce GmbH & Co KG stellt Schokoladenweihnachtsmänner her. Die Herstellungskosten betragen 2,75 DM je Weihnachtsmann, der Verkaufspreis 3,35 DM. Geschäftsführer Vita erwägt, entweder 7000 oder 9000 Stück herzustellen, und möchte den Gewinn bzw. Verlust bei Verkauf von 0, 500, 1000, 1500 usw. Stück in beiden Fällen tabellarisch dargestellt haben. Dabei soll für nicht verkaufte Weihnachtsmänner ein Restwert von -,75 DM angesetzt werden, da diese zu Osterhasen umgeschmolzen werden können.

<u>Lösungsweg</u> (Schleife)

Der Gewinn für jeden verkauften Weihnachtsmann beträgt -,60 DM, der Verlust für jeden nicht verkauften Weihnachtsmann 2,- DM.

Zunächst wird für beide Varianten (7000 bzw. 9000 Stück) der Gesamtgewinn für die verkauften Stückzahlen 0, 500, 1000, . . , 7000 ermittelt. Danach wird der Gesamtgewinn bei 7500, . . , 9000 verkauften Weihnachtsmännern für die zweite Variante ermittelt.

```pascal
PROGRAM weihnachtsmaenner (input, output);
VAR
   i, verkauft : integer;
   gewinn7, gewinn9 : real;
BEGIN
   writeln ('Gewinn bei hergestellter Stueckzahl      7000    bzw.    9000');
   writeln ('          und verkaufter Stueckzahl :');
   FOR i := 0 TO 14 DO
     BEGIN
        verkauft := i * 500;
        gewinn7 := verkauft * 0.6 - (7000 - verkauft) * 2;
        gewinn9 := verkauft * 0.6 - (9000 - verkauft) * 2;
        writeln (verkauft : 35, gewinn7 : 14 : 2, gewinn9 : 15 : 2)
     END (* FOR *);
   FOR i := 15 TO 18 DO
     BEGIN
        verkauft := i * 500;
        gewinn9 := verkauft * 0.6 - (9000 - verkauft) * 2;
        writeln (verkauft : 35, ' ' : 14, gewinn9 : 15 : 2)
     END (* FOR *);
   write ('Frohe Weihnachten! Tschuess....')
END (* weihnachtsmaenner *).
```

<u>Bemerkungen</u>

Ändern Sie Ihre Lösung so, daß

(a) Herstellungskosten, Verkaufspreis und Restwert eingegeben werden können.

(b) über (a) hinaus auch die Stückzahlen und die Schrittweite flexibel sind.

10. Dualzahlen (Algebra)

Eine positive ganze Dualzahl, die als Folge von Nullen und Einsen vorliegt, soll in die gleichwertige Dezimalzahl umgewandelt werden. Die Länge der Dualzahl soll beliebig, ihr Wert durch *maxint* beschränkt sein.

Beispiel

Geben Sie bitte eine Folge von Nullen und Einsen an.
Beenden Sie die Folge durch irgendein anderes Zeichen.
--> 000010101
Der Dezimalwert Ihrer Dualzahl ist 21.

Lösungsweg (Schleife)

Die eingegebene Dualzahl wird ziffernweise von links nach rechts inspiziert. Beginnend mit dem Wert 0 wird die bisher berechnete Dezimalzahl für jede Dualziffer verdoppelt, und für jede eingegebene Eins wird zusätzlich eine Eins zur verdoppelten Dezimalzahl addiert.

```pascal
PROGRAM dualzahl (input, output);
VAR
   ch : char;
   dezimal : integer;
BEGIN
   dezimal := 0;
   writeln ('Geben Sie bitte eine Folge von Nullen und Einsen an.');
   writeln ('Beenden Sie die Folge durch irgendein anderes Zeichen.');
   write ('--> ');
   read (ch);
   WHILE ch IN [ '0', '1' ] DO
      BEGIN
         dezimal := 2 * dezimal + ord (ch) - ord ('0');
         read (ch)
      END (* WHILE *);
   writeln;
   writeln ('Der Dezimalwert Ihrer Dualzahl ist ', dezimal, '.')
END (* dualzahl *).
```

Bemerkungen

Die einzelnen Dualziffern werden zeichenweise eingelesen, da bei Interpretation der
Dual- als Dezimaldarstellung (zum Zwecke des Einlesens) die einzugebende Zahl sehr
schnell den Wert von *maxint* überschreiten würde.

Ändern Sie das Programm so, daß es

(a) Oktalzahlen umwandelt.

(b) Hexadezimalzahlen umwandelt.

(c) gebrochene Dualzahlen umwandelt.

(d) meldet und abbricht, wenn der Wert der eingegebenen Zahl zu groß ist.

11. Zweitgrößte Zahl (DV-Algorithmen)

Die zweitgrößte Zahl aus einer Folge ganzer Zahlen ist zu bestimmen. Als Eingabe ist eine unbekannte Anzahl solcher Zahlen gegeben, mindestens aber zwei.

Lösungsweg (If, Schleife)

Man merkt sich immer die bisher größte und die bisher zweitgrößte Zahl. Wird eine neue Zahl eingelesen, so prüft man, ob sich einer dieser Werte oder sogar beide ändern.

```
PROGRAM zweitgroesste (input, output);
VAR
    groesste, zweite, zahl : integer;
BEGIN
    writeln ('Geben Sie eine Folge von ganzen Zahlen ein.');
    writeln ('Beenden Sie Ihre Eingabe mit CTRL-C.');
    write ('--> ');
    read (groesste);
    read (zweite);
    IF groesste < zweite (* Pech gehabt *)
       THEN (* vertausche *)
          BEGIN
             zahl := groesste;
             groesste := zweite;
             zweite := zahl
          END (* THEN *);
    WHILE NOT eof DO
       BEGIN
          read (zahl);
          IF zahl > groesste
             THEN (* neue groesste *)
                BEGIN
                   zweite := groesste;
                   groesste := zahl
                END (* THEN *)
             ELSE
                IF zahl > zweite THEN (* neue zweite *) zweite := zahl
       END (* WHILE *);
    writeln;
    write ('Die zweitgroesste Zahl war ', zweite)
END (* zweitgroesste *).
```

Bemerkungen

Ändern Sie das Programm so, daß es die drittgrößte Zahl feststellt. Ist es möglich, auf dieselbe Art die k-größte Zahl zu ermitteln, wobei k ebenfalls einzulesen ist?

12. Kein Kommentar (Alltagsprobleme)

Ein fortschrittsgläubiger Unternehmer setzt zur Erstellung seiner Steuererklärung seinen persönlichen Kleinrechner ein, da er den Zugriff auf den Großrechner seiner Firma nicht ganz unter Kontrolle hat. Natürlich erstellt er neben der für das Finanzamt bestimmten Erklärung noch eine zweite, in der er die tatsächliche Ertragslage seiner Unternehmungen ablesen kann. Um sich Doppelarbeit zu sparen, schreibt er in ein auf dem Kleinrechner gespeichertes Formular, das später ausgedruckt werden und an das Finanzamt verschickt werden soll, sowohl die offiziellen als auch die "geheimen" Daten. Er ist sich selbstverständlich darüber im Klaren, daß die "geheimen" Informationen wieder entfernt werden müssen. Deshalb hat er sie gleich als Kommentare neben die zu veröffentlichenden Informationen gesetzt. Er möchte nun ein Programm einsetzen, das ihm bei Angabe des Namens der Datei, auf der alles gespeichert ist, den Inhalt der Datei auf dem Bildschirm anzeigt, wobei alle Kommentare (zwischen (* und *) eingeschlossene Informationen) unterdrückt werden sollen.

Helfen Sie dem Unternehmer bei der Erstellung dieses Programms.

Lösungsweg (If, Schleife)

Wir lesen der Reihe nach jedes Zeichen von der Datei und geben es aus, falls es außerhalb eines Kommentars steht. Dazu merken wir uns stets, ob wir gerade Zeichen innerhalb oder außerhalb eines Kommentars lesen. Da ein Kommentar nicht durch einzelne Zeichen, sondern durch die Zeichenpaare (* und *) begrenzt ist, genügt für den Übergang der beiden Zustände "aussen" und "innen" ineinander das Lesen eines einzigen Zeichens nicht. Wir verwenden die beiden Hilfszustände "klauf" und "stern", um anzugeben, daß als letztes Zeichen eine möglicherweise bedeutsame öffnende Klammer bzw. ein Stern gelesen wurde. Abhängig vom nächsten Zeichen erfolgt der Zustandsübergang und ggf. die (verspätete) Ausgabe einer öffnenden Klammer, die keinen Kommentar eingeleitet hat.

```pascal
PROGRAM nocomment (input, output);
TYPE
    zustandstyp = (aussen, innen, stern, klauf);
VAR
    zustand, alterzustand : zustandstyp;
    datei : text;
    name : string;
    zeichen : char;
    endofline : boolean;
BEGIN
    writeln ('Geben Sie bitte den Namen einer existierenden Datei ein.');
    writeln ('Ihr Inhalt wird kommentarlos auf dem Bildschirm ausgegeben.');
    write ('--> ');
    readln (name);
    reset (datei, name);
    zustand := aussen;
    WHILE NOT eof (datei) DO
        BEGIN
            alterzustand := zustand;
            endofline := eoln (datei);
            read (datei, zeichen);
            IF (zustand = aussen) AND (zeichen = '(') THEN zustand := klauf
            ELSE IF (zustand = klauf) AND (zeichen = '*') THEN zustand := innen
            ELSE IF (zustand = klauf) AND (zeichen <> '(') THEN zustand := aussen
            ELSE IF (zustand = innen) AND (zeichen = '*') THEN zustand := stern
            ELSE IF (zustand = stern) AND (zeichen = ')') THEN zustand := aussen
            ELSE IF (zustand = stern) AND (zeichen <> '*') THEN zustand := innen;
            IF (alterzustand = klauf) AND (zustand <> innen) THEN write ('(');
            IF (alterzustand IN [aussen, klauf]) AND (zustand = aussen)
                THEN
                    IF endofline THEN writeln
                ELSE write (zeichen)
        END (* WHILE *)
END (* nocomment *).
```

13. <u>Geldwechsel</u> (Alltagsprobleme)

Für einen einzugebenden Geldbetrag zwischen einem Pfennig und 99 Pfennig soll angegeben werden, wie dieser Betrag auf möglichst wenige Geldstücke (1-, 2-, 5-, 10- und 50-Pfennig-Stücke) aufgeteilt werden kann.

<u>Lösungsweg</u> (Arithmetik)

Der Geldbetrag wird zunächst ganzzahlig durch 50 geteilt. Das Ergebnis der Division gibt die Anzahl der zu verwendenden 50-Pfennig-Stücke an. Der Divisionsrest wird ganzzahlig durch 10 geteilt usw.

```pascal
PROGRAM wechsel (input, output);
CONST
   zwei = 2;
   fuenf = 5;
   zehn = 10;
   fuenfzig = 50;
   minimum = 1;
   maximum = 99;
VAR
   betrag, fuffziger, zehner, fuenfer, zweier, einser, rest : integer;
BEGIN
   REPEAT
      write ('Geben Sie einen Betrag zwischen ', minimum,
            ' und ', maximum, ' an --> ');
      readln (betrag)
   UNTIL (betrag >= minimum) AND (betrag <= maximum);
   fuffziger := betrag DIV fuenfzig;
   rest := betrag MOD fuenfzig;
   zehner := rest DIV zehn;
   rest := rest MOD zehn;
   fuenfer := rest DIV fuenf;
   rest := rest MOD fuenf;
   zweier := rest DIV zwei;
   einser := rest MOD zwei;
   writeln (betrag, ' Pfennig = ', fuffziger, ' Fuenfziger, ', zehner, ' Zehner, ',
         fuenfer, ' Fuenfer, ', zweier, ' Zweier und ', einser, ' Einser.')
END (* wechsel *).
```

<u>Bemerkungen</u>

Man ändere das Programm so ab, daß es

(a) alle Beträge, die zwischen zwei anzugebenden Grenzen liegen, entsprechend
     zerlegt.

(b) auch größere Beträge und eine Zerlegung auch in Markstücke entsprechend be-
     rücksichtigt.

14. <u>Wodkarausch</u> (Alltagsprobleme)

Im Prinzip wollen Sie an der jährlich in Eriwan stattfindenden Wodkaparty teilnehmen. Sie wollen aber sicherstellen, daß Sie diesmal nicht schon wieder mit einem Rausch heimkehren. Das passiert nämlich beim Trinken nach Eriwanscher Sitte leicht: man fängt ganz harmlos mit einem großen mit Wasser gefüllten Glas an. Dann nimmt man einen kräftigen Schluck aus dem Glas und füllt es sofort mit Wodka auf. Das wiederholt man solange, bis man blau ist oder der Wodka ausgeht. Da Sie von früheren Parties das Fassungsvermögen der Gläser, den Alkoholgehalt des Wodkas, die Menge, die Sie pro Schluck trinken und die Alkoholmenge, nach deren Genuß Sie blau sind, kennen, wollen Sie vorab ausrechnen, wie oft Sie aus dem Glas trinken können, bis Sie blau sind.

<u>Lösungsweg</u> (Ein-, Ausgabe, Schleife)

Zunächst werden alle notwendigen Informationen angefordert und eingelesen. Dann berechnen wir in einer Schleife die Menge Wodka, die wir nach und nach intus haben, und die Menge Wodka, die jeweils im Glas ist. Bei jedem Schleifendurchlauf erhöhen wir die Anzahl genommener Schlucke. Wir hören mit der Berechnung auf, sobald wir blau sind. (Dann sind wir sowieso zu nichts mehr fähig.)

```pascal
PROGRAM wodkarausch (input, output);
VAR
    glasvolumen, prozent, schluck, blau, wodkaimglas, wodkagetrunken : real;
    wieoft : integer;
BEGIN
    write ('Nastrowje. Wieviel Centiliter fasst Ihr Trinkglas --> ');
    readln (glasvolumen);
    write ('Wieviel Prozent Alkohol hat der Wodka --> ');
    readln (prozent);
    write ('Wieviel Centiliter trinken Sie pro Schluck --> ');
    readln (schluck);
    write ('Bei wieviel Centiliter Alkohol im Blut sind Sie blau --> ');
    readln (blau);
    wodkaimglas := 0; (* anfangs nur Wasser *)
    wodkagetrunken := 0;
    wieoft := 0;
    REPEAT (* nimm einen Schluck *)
       wieoft := wieoft + 1;
       wodkagetrunken := wodkagetrunken + wodkaimglas * schluck / glasvolumen;
       wodkaimglas := wodkaimglas * (1 - schluck / glasvolumen) + schluck
    UNTIL wodkagetrunken * prozent / 100 >= blau;
    write ('Nach ', wieoft, ' Schluck aus dem Glas sind Sie bereits blau!')
END (* wodkarausch *).
```

<u>Bemerkungen</u>

Modifizieren Sie das Programm so, daß Sie die Schluckgröße berechnen können, wenn
Sie davon ausgehen, eine einzugebende Anzahl Schlucke machen zu wollen.

15. Quersumme (Algebra)

Eine natürliche Zahl ist genau dann durch 3 teilbar, wenn ihre Quersumme durch 3 teilbar ist; die Zahlen 3, 6 und 9 sind durch 3 teilbar. Ein Programm, das zu einer gegebenen natürlichen Zahl die Quersumme dieser Zahl berechnet, soll die Teilbarkeit durch 3 entscheiden helfen.

Lösungsweg (Arithmetik)

Die gegebene Zahl wird gelesen. Die jeweils am weitesten rechts stehende Ziffer wird durch die Operation *MOD 10* errechnet und zur bisherigen Quersumme addiert; sie wird durch *DIV 10* von der Zahl abgespalten. Dies wird solange wiederholt, bis alle Ziffern der Zahl verarbeitet sind; dann wird die erhaltene Quersumme ausgegeben.

```pascal
PROGRAM quersummenbestimmung (input, output);
VAR
   zahl, quer : integer;
BEGIN
   writeln ('Bestimmung der Quersumme einer natuerlichen Zahl.');
   write ('Bitte die Zahl eingeben --> ');
   readln (zahl);
   quer := 0;
   IF zahl <= 0
      THEN write ('Fehler: Zahl nicht positiv. Tschuess...')
      ELSE
         BEGIN (* errechne Quersumme *)
            REPEAT
               quer := quer + zahl MOD 10;
               zahl := zahl DIV 10
            UNTIL zahl = 0;
            write ('Die Quersumme ist ', quer, '. Tschuess...')
         END (* ELSE *)
END (* quersummenbestimmung *).
```

Bemerkungen

Ändern Sie Ihre Lösung so, daß

(a) die Quersumme auch von negativen ganzen Zahlen berechnet werden kann (das ist die Quersumme des Absolutbetrags der Zahl).

(b) die Summe der Ziffern vor dem Dezimalpunkt und die Summe der Ziffern hinter dem Dezimalpunkt einer real-Zahl berechnet wird.

(c) die Berechnung der Quersumme rekursiv erfolgt.

(d) solange immer wieder die Quersumme der Quersumme usw. gebildet wird, bis diese nur noch aus einer Ziffer besteht.

(e) die Quersumme sehr großer ganzer Zahlen berechnet werden kann (durch Verwendung eines longinteger-Typs oder zeichenweises Lesen).

16. Taschenrechner (Algebra)

Man möchte den Rechner als einfachen Taschenrechner mit den vier Grundrechenarten benutzen können. Es soll möglich sein, arithmetische Ausdrücke der Gestalt

Operand Operator Operand

einzugeben und den Wert des Ausdrucks zu berechnen.

Als Operanden sollen beliebige Zahlen und als Operatoren die Zeichen +, -, * und / mit der üblichen Bedeutung zugelassen sein.

Beispiel

Geben Sie bitte einen Ausdruck in der Form OperandOperatorOperand an
*--> 5.25*4*
Das Ergebnis ist   21.00.

Lösungsweg (Case)

Die drei Eingabedaten werden angefordert und eingelesen. Abhängig vom Operator wird die entsprechende Operation ausgeführt und das Ergebnis ausgegeben.

```pascal
PROGRAM taschenrechner (input, output);
VAR
    operand1, operand2, ergebnis : real;
    operator : char;
BEGIN
    writeln ('Geben Sie bitte einen Ausdruck in der Form ',
        'OperandOperatorOperand an');
    write ('--> ');
    readln (operand1, operator, operand2);
    CASE operator OF
        '+' : ergebnis := operand1 + operand2;
        '-' : ergebnis := operand1 - operand2;
        '*' : ergebnis := operand1 * operand2;
        '/' : ergebnis := operand1 / operand2
    END (* CASE *);
    write ('Das Ergebnis ist ', ergebnis : 1 : 2, '.');
END (* taschenrechner *).
```

Bemerkungen

Das Programm läßt sich so abändern, daß es

(a) wiederholt Ausdrücke anfordert und berechnet.

(b) das Ergebnis jeder Operation als ersten Operanden für eine weitere Operation betrachtet.

(c) anstelle von / auch : mit derselben Bedeutung zuläßt.

17. Zeitansage (Alltagsprobleme)

Die umgangssprachliche Darstellung einer Uhrzeit mit ganzer Viertelstunde geschieht durch die Angabe von "viertel nach", "halb" bzw. "viertel vor" vor der Stundenangabe, die sich bei "halb" und "viertel vor" auf die nächste volle Stunde bezieht. Dabei wird im Zwölfstundenrythmus gezählt (von 1 bis 12).

Es soll nun eine Uhrzeit in der Gestalt

Stunde.Minute

eingegeben werden können, wobei Stunde durch eine oder zwei Ziffern und Minute durch zwei Ziffern dargestellt seien.

Anschließend soll die umgangssprachliche Darstellung der eingegebenen Uhrzeit ausgegeben werden, falls dies möglich ist. Sonst soll eine Meldung darüber ausgegeben werden, daß es sich um keine Uhrzeit mit ganzer Viertelstunde handelt.

Beispiel

Geben Sie bitte eine Uhrzeit an --> 12.45
Es ist viertel vor 1.

Lösungsweg (Case)

Die Uhrzeit wird eingelesen; abhängig von der Minutenzahl wird die richtige Formulierung ausgegeben. Die Stundenzahl wird korrigiert, falls dies nötig ist, und ausgegeben.

Bemerkungen

In der angegebenen Lösung wird sichergestellt, daß die Variable *minute* bei der Abfrage in der case-Anweisung genau einen der angegebenen Werte annimmt.

Man ändere das Programm so, daß es

(a) die im süddeutschen Raum gängigen Formen "viertel" und "dreiviertel" verwendet.

(b) statt der case-Anweisung nur if-Anweisungen enthält.

```pascal
PROGRAM zeitansage (input, output);
VAR
   stunde, minute : integer;
   punkt : char;
BEGIN
   write ('Geben Sie bitte eine Uhrzeit an --> ');
   readln (stunde, punkt, minute);
   IF minute IN [0, 15, 30, 45]
      THEN
         BEGIN
            write ('Es ist ');
            CASE minute OF
               0 :;
               15 : write ('viertel nach ');
               30 :
                  BEGIN
                     write ('halb ');
                     stunde := stunde + 1
                  END (* 30 *);
               45 :
                  BEGIN
                     write ('viertel vor ');
                     stunde := stunde + 1
                  END (* 45 *)
            END (* CASE *);
            IF stunde > 12
               THEN write (stunde - 12 : 1)
               ELSE
                  IF stunde = 0
                     THEN write ('zwoelfe')
                     ELSE write (stunde : 1)
         END (* THEN *)
      ELSE write ('Keine ganze Viertelstunde');
   write (punkt)
END (* zeitansage *).
```

18. Meilen pro Gallone (Alltagsprobleme)

In den USA ist es üblich, Benzinverbrauchswerte von Kraftfahrzeugen in Meilen pro Gallone (MPG) anzugeben (1 Meile = 1,609 km; 1 Gallone = 3,79 Liter).

Es soll eine Tabelle erstellt werden, die allen ganzzahligen Verbrauchswerten (in MPG) zwischen zwei einzulesenden Grenzen die entsprechenden Werte in Litern pro 100 Kilometer (ltr/100 km) gegenüberstellt.

Beispiel

Geben Sie bitte die untere Grenze fuer die Tabelle an --> 1
Geben Sie bitte die obere Grenze >= 1 fuer die Tabelle an --> 3
Es folgt nun die Tabelle fuer MPG in ltr/100 km.
1 MPG = 235.55 ltr/100 km
2 MPG = 117.78 ltr/100 km
3 MPG = 78.52 ltr/100 km

Lösungsweg (Schleife)

Es werden zunächst die beiden Grenzen eingelesen. Der Verbrauch V in Litern pro 100 km ergibt sich aus dem MPG-Wert MPG wie folgt:

$$V = (3.79 \cdot 100)/(1.609 \cdot MPG)$$

```
PROGRAM milespergallon (input, output);
VAR
    untere, obere, i : integer;
    faktor : real;
BEGIN
    REPEAT
        write ('Geben Sie bitte die untere Grenze fuer die Tabelle an --> ');
        readln (untere)
    UNTIL untere > 0;
    REPEAT
        write ('Geben Sie bitte die obere Grenze >= ', untere,
            ' fuer die Tabelle an --> ');
        readln (obere)
    UNTIL obere >= untere;
    faktor := 3.79 * 100 / 1.609;
    writeln ('Es folgt nun die Tabelle fuer MPG in ltr/100 km.');
    FOR i := untere TO obere DO
        writeln (i, ' MPG = ', faktor / i : 8 : 2, ' ltr/100 km')
END (* milespergallon *).
```

Bemerkungen

Das angegebene Programm läßt sich so abändern, daß es

(a) eine Umrechnung von cm in inch vornimmt.

(b) bei eingegebenem Dollarkurs eine Umrechnungstabelle für Dollar- in DM-Beträge
     erstellt.

(c) zwei gegebene beliebige Währungen umrechnet.

19. ggT (Algebra)

Die nach Euklid benannte Vorschrift zur Bestimmung des größten gemeinsamen Teilers zweier ganzer Zahlen m und n lautet wie folgt:

Beginnend mit m als Dividend und n als Divisor führe man wiederholt eine Division mit Rest durch: Hat der Rest r der Division des Dividenden durch den Divisor den Wert 0, so ist der Divisor das Ergebnis und man ist fertig. Sonst wähle man den alten Divisor als neuen Dividenden und den Rest r als neuen Divisor.

Durch ein Programm sollen nun zwei Zahlen eingelesen und der größte gemeinsame Teiler nach dieser Vorschrift bestimmt werden.

Lösungsweg (Arithmetik, Schleife)

Der zu verwendende Algorithmus ist schon angegeben.

```pascal
PROGRAM ggt (input, output);
VAR
   m, n, rest, hilf : integer;
BEGIN
   REPEAT
      write ('Geben Sie bitte die erste positive Zahl ein --> ');
      readln (m);
      write ('Geben Sie bitte die zweite positive Zahl ein --> ');
      readln (n)
   UNTIL (m > 0) AND (n > 0);
   (* ggt-Berechnung *)
   REPEAT
      rest := m MOD n;
      m := n;
      n := rest
   UNTIL rest = 0;
   (* m ist das Ergebnis *)
   (* Ausgabe *)
   writeln ('Der groesste gemeinsame Teiler ist ', m, '.')
END (* ggt *).
```

20. <u>kgV</u> (Algebra)

Das kleinste gemeinsame Vielfache zweier einzugebender positiver ganzer Zahlen soll bestimmt und ausgegeben werden.

<u>Lösungsweg</u> (Ein-, Ausgabe)

Zur Ermittlung des kleinsten gemeinsamen Vielfachen teilen wir eine der Zahlen durch den größten gemeinsamen Teiler der beiden Zahlen und multiplizieren das Ergebnis mit der anderen Zahl. Wir verwenden dabei das Programmstück zur Berechnung des größten gemeinsamen Teilers aus Problem "ggT".

```pascal
PROGRAM kgv (input, output);
VAR
    erste, zweite, m, n, rest, hilf : integer;
BEGIN
    REPEAT
        write ('Geben Sie bitte die erste positive ganze Zahl an --> ');
        readln (erste);
        write ('Geben Sie bitte die zweite positive ganze Zahl an --> ');
        readln (zweite)
    UNTIL (erste > 0) AND (zweite > 0);
    m := erste;
    n := zweite;
    (* Hier: ggt-Berechnung aus Problem "ggt" *)
    writeln ('Das kleinste gemeinsame Vielfache von ', erste, ' und ',
        zweite, ' ist ', (erste DIV m) * zweite, '.')
END (* kgv *).
```

<u>Bemerkungen</u>

Man beachte die Auswirkung der laufenden Veränderung von m und n innerhalb der Berechnung des ggT für das vorliegende Problem.

(a) Definieren Sie (unter Zuhilfenahme der Lösung von Problem "ggt") eine Funktion, die den größten gemeinsamen Teiler ihrer beiden Argumente als Funktionswert liefert. Verwenden Sie diese Funktion bei der Lösung des vorliegenden Problems.

(b) Definieren Sie (unter Zuhilfenahme der in (a) definierten Funktion) eine Funktion, die das kleinste gemeinsame Vielfache ihrer beiden Argumente als Funktionswert liefert, und verwenden Sie diese Funktion in Ihrer Lösung zum vorliegenden Problem.

21. Wachstum (Algebra)

Das Wesen natürlichen Wachstums wird mathematisch durch die Exponentialfunktion

$$e^x = \lim_{n \to \infty} \sum_{i=0}^{n} (x^i / i!)$$

beschrieben. Ihr Wert an der Stelle x soll für ein gegebenes n näherungsweise berechnet werden.

Lösungsweg (Schleife)

Sei $e^x(n) = \sum_{i=0}^{n} (x^i / i!)$, dann unterscheiden sich aufeinanderfolgende Werte von e^x um $e^x(n) - e^x(n-1) = (x^n / n!)$. Sei $f(x,n) = (x^n / n!)$, dann ergibt sich für aufeinanderfolgende Werte von f $f(x,n) = f(x,n-1) \cdot x/n$. Wir verwenden beide Beziehungen, um für aufsteigende Werte n zunächst $f(x,n)$ und dann $e^x(n) = e^x(n-1) + f(x,n)$ zu berechnen.

```
PROGRAM wachstum (input, output);
VAR
   e, f, x : real;
   i, n : integer;
BEGIN
   write ('Natuerliches Wachstum. Reelles Argument x --> ');
   readln (x);
   REPEAT
      write ('Anzahl der Reihenglieder fuer Naeherungsloesung --> ');
      readln (n)
   UNTIL (n > 0);
   e := 1; (* e(0) = (x hoch 0) / 0! *)
   f := 1; (* f(0) = (x hoch 0) / 0! *)
   FOR i := 1 TO n - 1 DO
      BEGIN
         f := f * x / i;
         e := e + f
      END (* FOR *);
   writeln ('Bei Betrachtung von ', n, ' Reihengliedern ist e(', x, ') = ', e);
   write ('Das war''s. Tschuess ...')
END (* wachstum *).
```

Bemerkungen

Lösen Sie das Problem rekursiv. Welche Unterschiede zwischen beiden Lösungsansätzen sind bemerkenswert?

22. Primzahl (Algebra)

Zu einer gegebenen natürlichen Zahl n soll die kleinste Primzahl p bestimmt werden, die größer als n ist.

Lösungsweg (Arithmetik)

Eine Zahl p ist Primzahl, wenn sie durch keine der Zahlen 2,3,...,p-1 ohne Rest teilbar ist. Zur Entscheidung dieser Eigenschaft genügt es natürlich, die Zahlen 2,3,...,$\sqrt{p}$ als mögliche Teiler zu betrachten. Die Kandidaten für die Lösung des Problems sind die Zahlen n+1, n+2, ... usw. Sie werden in dieser Reihenfolge auf die Primzahleigenschaft untersucht, bis erstmals eine Primzahl gefunden wird. Diese ist dann die Lösung.

```pascal
PROGRAM primzahl (input, output);
VAR
    n, p, i : integer;
    prim : boolean;
BEGIN
    writeln ('Naechstgroessere Primzahl zu gegebener natuerlicher Zahl.');
    write ('Natuerliche Zahl eingeben --> ');
    readln (n);
    IF n <= 0
        THEN writeln ('Fehler: Zahl nicht positiv. Programmende.')
        ELSE
            BEGIN (* ermittle naechstgroessere Primzahl *)
                p := n;
                REPEAT (* pruefe Zahl p+1 auf Primzahleigenschaft *)
                    p := p + 1;
                    prim := true;
                    i := 2;
                    WHILE (i * i <= p) AND prim DO
                        BEGIN (* pruefe, ob i Teiler von p ist *)
                            IF p MOD i = 0 THEN prim := false;
                            i := i + 1
                        END (* WHILE *)
                UNTIL prim;
                writeln ('Die naechstgroessere Primzahl nach ', n, ' ist ', p, '.')
            END (* ELSE *);
    write ('Tschuess...')
END (* primzahl *).
```

23. Zerlegung in Primfaktoren (Algebra)

Jede natürliche Zahl ist darstellbar als das Produkt von Primzahlen (z.B. $12 = 2 \cdot 2 \cdot 3$). Diese Darstellung wird als Zerlegung in Primfaktoren bezeichnet. Die Zerlegung einer gegebenen natürlichen Zahl $n > 1$ in Primfaktoren soll berechnet und ausgegeben werden.

Lösungsweg (Arithmetik)

Wir verwenden das Programmstück aus dem Problem "Primzahl" zum Finden der nächsthöheren Primzahl zu einer gegebenen natürlichen Zahl, um ein lückenloses und hinreichend langes Anfangsstück der Folge aller Primzahlen zu bestimmen. Für jede der so bestimmten Primzahlen $p = 2,3,5,...$ dividieren wir n durch p so oft, wie das ohne Rest möglich ist. Sobald $n = 1$ gilt, ist die Zerlegung beendet.

```pascal
PROGRAM primzahlzerlegung (input, output);
VAR
   n, p, i : integer;
   prim : boolean;
BEGIN
   writeln ('Zerlegung in Primfaktoren.');
   write ('Bitte natuerliche Zahl ( > 1 ) eingeben --> ');
   readln (n);
   IF n <= 1
      THEN writeln ('Fehler: Zahl nicht groesser als 1. Programmende.')
      ELSE
         BEGIN (* ermittle Primfaktoren *)
            write ('Primfaktoren von ', n, ':');
            p := 1;
            WHILE n > 1 DO
               BEGIN (* Hier: naechstgroessere Primzahl bestimmen mit
                        REPEAT...UNTIL aus Problem "Primzahl" *)
                  WHILE n MOD p = 0 DO
                     BEGIN (* p ist Teiler von n: teile *)
                        n := n DIV p;
                        write (' ', p)
                     END (* WHILE *)
               END (* WHILE *);
            writeln
         END (* ELSE *);
   write ('Das war''s. Tschuess...')
END (* primzahlzerlegung *).
```

Bemerkung

Ein schon aus dem Altertum bekanntes Verfahren zur Bestimmung der Folge der Primzahlen unter den ersten n gegebenen natürlichen Zahlen ist das "Sieb des Erathostenes":
Ausgehend von der Menge der Zahlen 2 bis n entfernt man die kleinste Zahl und alle ihre ganzzahligen Vielfachen aus der Menge. Das wiederholt man solange, bis die Menge leer ist. Die entfernten kleinsten Zahlen sind die Primzahlen.
Verwenden Sie dieses Verfahren bei der Primfaktorzerlegung.

24. Römische Zahl (Alltagsprobleme)

Eine gegebene römische Zahl soll in die gleichwertige arabische Zahl in dezimaler Darstellung umgewandelt werden.

Die Ziffern der römischen Zahl sollen direkt aufeinanderfolgend eingegeben werden; das Ende der Zahl soll mit RETURN markiert werden.

Beispiel

Geben Sie bitte eine roemische Zahl an.
Fehlerhafte Eingabe fuehrt zu einem falschen Ergebnis.
--> MCMLXXXIII
Die gleichwertige Dezimalzahl ist 1983.

Lösungsweg (If, Case, Schleife)

Die römische Zahl wird ziffernweise eingelesen. Wir merken uns immer die beiden zuletzt gelesenen römischen Ziffern und addieren bzw. subtrahieren den Wert der vorletzten Ziffer, wenn diese nicht kleiner bzw. kleiner als die letzte Ziffer ist. Der Wert der letzten Ziffer wird schließlich addiert, und das Ergebnis wird ausgegeben.

Bemerkungen

Die Lösung basiert auf der Tatsache, daß vor einer römischen Ziffer mit einem bestimmten Wert höchstens eine Ziffer mit geringerem Wert kommen kann.

Ändern Sie das Programm so ab, daß

(a) jedes beliebige Zeichen, das keine römische Ziffer darstellt, das Ende einer römischen Zahl markiert.

(b) ein möglichst langes Anfangsstück des Eingabetextes als römische Zahl angesehen wird (MCMXXM ergibt MCMXX als Anfangsstück).

```pascal
PROGRAM roemischezahl (input, output);
VAR
   zeichen : char;
   zahl, alte, neue : integer;
BEGIN
   zahl := 0;
   alte := 0;
   neue := 0;
   writeln ('Geben Sie bitte eine roemische Zahl an.');
   writeln ('Fehlerhafte Eingabe fuehrt zu einem falschen Ergebnis.');
   write ('--> ');
   read (zeichen);
   WHILE NOT eoln DO
      BEGIN
         CASE zeichen OF
            'M' : neue := 1000;
            'D' : neue := 500;
            'C' : neue := 100;
            'L' : neue := 50;
            'X' : neue := 10;
            'V' : neue := 5;
            'I' : neue := 1
         END (* CASE *);
         IF alte < neue
            THEN zahl := zahl - alte
            ELSE zahl := zahl + alte;
         alte := neue;
         read (zeichen)
      END (* WHILE *);
   zahl := zahl + alte;
   write ('Die gleichwertige Dezimalzahl ist ', zahl, '.')
END (* roemischezahl *).
```

25. Eulersche Funktion (Algebra)

Zu einer gegebenen positiven ganzen Zahl ist die Anzahl der zur Zahl teilerfremden positiven ganzen Zahlen, die kleiner als die Zahl selbst sind, zu bestimmen.

Diese Anzahl wird mit $\varphi(n)$ bezeichnet, wenn n die gegebene Zahl ist. φ heißt zu Ehren des Schweizer Mathematikers Euler "Eulersche Funktion".

Beispiel: $\varphi(1) = 0$,
$\quad\quad\quad \varphi(2) = 1$, da ggt(1,2) = 1
$\quad\quad\quad \varphi(4) = 2$, da ggt(1,4) = 1, ggt(2,4) = 2, ggt(3,4) = 1

Lösungsweg (Schleife, Funktion)

Wie in dem Beispiel schon angedeutet, kann man $\varphi(n)$ berechnen, indem man für alle positiven ganzen Zahlen, die kleiner als das Argument sind, den größten gemeinsamen Teiler mit dem Argument sucht. Wir benutzen dazu die Lösung aus Problem "ggT".

```
PROGRAM eulerfunktion (input, output);
VAR
   n, phi, i : integer;
FUNCTION ggt (m, n : integer) : integer;
(* liefert den ggt von m und n *)
   VAR
      hilf, rest : integer;
   BEGIN
      (* Hier: ggt-Berechnung aus Problem "ggt" *)
      ggt := n
   END (* ggt *);
BEGIN (* eulerfunktion *)
   REPEAT
      writeln ('Von welcher positiven ganzen Zahl soll der "Euler"sche',
          ' Funktionswert" berechnet werden');
      write ('--> ');
      readln (n)
   UNTIL n > 0;
   phi := 0;
   FOR i := 1 TO n - 1 DO
      IF ggt (n, i) = 1 THEN phi := phi + 1;
   writeln ('Die Anzahl teilerfremder Zahlen kleiner als ', n, ' ist ', phi, '.')
END (* eulerfunktion *).
```

26. Spitzensteuersatz (Alltagsprobleme)

Die Autoren dieses Buches interessieren sich dafür, wie sehr ihr Nettoeinkommen durch den Verkauf weiterer Exemplare steigt. Leider wird nämlich vom Brutto-Autorenhonorar Einkommensteuer fällig. Der Steuersatz, der bei einem gegebenen Einkommen auf ein kleines zusätzliches Einkommen anzuwenden ist, wird als Spitzensteuersatz bezeichnet.

Für ein einzulesendes Jahreseinkommen soll der Spitzensteuersatz bei einem zusätzlichen Jahreseinkommen von 1000 DM berechnet werden.

Lösungsweg (Ein-, Ausgabe)

Wir benutzen bei dieser Lösung die im Problem "Einkommensteuer" berechnete Steuer. Sie wird für den einzulesenden Betrag und den um 1000 DM erhöhten Betrag berechnet. Der Quotient aus der Differenz der beiden Steuerbeträge und dem Zusatzeinkommen ist der Spitzensteuersatz.

```
PROGRAM spitzensteuersatz (input, output);
VAR
    einkommen, steuer, steuer1, steuer2, differenz, z, y : real;
BEGIN
    REPEAT
        write ('Geben Sie bitte Ihr zu versteuerndes Einkommen an --> ');
        readln (einkommen)
    UNTIL einkommen > 0;
    (* Hier: Einkommensteuerberechnung aus Problem "Einkommensteuer" *)
    steuer1 := steuer;
    einkommen := einkommen + 1000;
    (* Hier: Einkommensteuerberechnung aus Problem "Einkommensteuer" *)
    steuer2 := steuer;
    differenz := steuer2 - steuer1;
    write ('Von den naechsten 1000 DM muessen Sie ', (differenz / 1000) * 100,
        ' Prozent an Steuern zahlen.')
END (* spitzensteuersatz *).
```

Bemerkungen

Ändern Sie das Programm so, daß

(a) die Berechnung der Steuer mittels einer Funktion erfolgt.

(b) auch das Zusatzeinkommen, für das der Spitzensteuersatz berechnet werden soll, eingelesen wird.

52

27. <u>Sinusfunktion</u> (Algebra)

Die Sinusfunktion läßt sich wie folgt definieren:

$$\sin(x) = \sum_{k=0}^{\infty} (-1)^k (x^{2k+1} / (2k+1)!)$$

Formuliert man diese Reihe als

$$\sin(x) = \sum_{i=1}^{\infty} a_i \, ,$$

so ist $a_1 = x$ und $a_{i+1} = -a_i \cdot x^2 / (2i(2i+1))$ für $i = 1,2,...$

Man möchte den Wert der Sinusfunktion für ein Argument x ($0 \leq x \leq 2\pi$) unter Berücksichtigung der ersten n Summanden nach beiden Methoden berechnen.

Außerdem soll die Abweichung der Funktionswerte vom Wert, den die Standardfunktion *sin* liefert, ermittelt werden.

<u>Lösungsweg</u> (Schleife, Funktion, Rekursion)

Wir ermitteln den Sinus rekursiv nach der ersten Methode und iterativ nach der zweiten Methode. Beide Lösungen werden dann mit dem Wert der Standardfunktion verglichen.

<u>Bemerkungen</u>

Ändern Sie das Programm so ab, daß es

(a) fehlerhafte Eingaben für x und n berücksichtigt.

(b) die Anzahl der Summanden ermittelt, die nötig sind, damit die Abweichung einen einzulesenden Wert nicht überschreitet.


```pascal
PROGRAM sinusvergleich (input, output);
USES transcend;
VAR
    x, methode1, methode2, methode3 : real;
    n : integer;
FUNCTION bruch (x : real; n : integer) : real;
(* berechnet (x hoch n)/n! *)
    VAR
        i : integer;
        wert : real;
    BEGIN
        wert := 1;
        FOR i := 1 TO n DO wert := (wert / i) * x;
        bruch := wert
    END (* bruch *);
```

```pascal
FUNCTION sinus1 (x : real; n : integer) : real;
(* berechnet den Sinus rekursiv nach der 1. Methode *)
   BEGIN
      IF n = 1
         THEN sinus1 := x
         ELSE
            IF odd (n)
               THEN sinus1 := sinus1 (x, n - 1) + bruch (x, 2 * n - 1)
               ELSE sinus1 := sinus1 (x, n - 1) - bruch (x, 2 * n - 1)
   END (* sinus1 *);
FUNCTION sinus2 (x : real; n : integer) : real;
(* berechnet den Sinus iterativ nach der 2. Methode *)
   VAR
      a, wert : real;
      i : integer;
   BEGIN
      a := x;
      wert := 0;
      FOR i := 1 TO n DO
         BEGIN
            wert := wert + a;
            a := - a * x * x / (2 * i * (2 * i + 1))
         END (* FOR *);
      sinus2 := wert
   END (* sinus2 *);
BEGIN (* sinusvergleich *)
   write ('Geben Sie bitte das Argument fuer den Sinus ein --> ');
   readln (x);
   REPEAT
      write ('Wieviele Summanden sollen beruecksichtigt werden --> ');
      readln (n)
   UNTIL n > 0;
   methode1 := sinus1 (x, n);
   methode2 := sinus2 (x, n);
   methode3 := sin (x);
   writeln ('Rekursiv: ', methode1, '. Abweichung: ', methode1 - methode3, '.');
   writeln ('Iterativ: ', methode2, '. Abweichung: ', methode2 - methode3, '.')
END (* sinusvergleich *).
```

28. Wochentag (Alltagsprobleme)

Es soll der Wochentag bestimmt werden, auf den ein gegebenes Datum (nicht aus vergangenen Jahrhunderten) fällt. Wir gehen davon aus, daß das Datum in der Form Tag Monat Jahr , dargestellt durch die üblichen ganzen Zahlen, eingegeben wird. Wir beziehen uns dabei auf den gregorianischen Kalender.

Lösungsweg (Case, Funktion)

Der 1.1.1900 war ein Montag; wir müssen nur den Wochentag zu einem beliebigen späteren Datum berechnen können. Für jedes volle Jahr nach 1900 verschiebt sich der Wochentag um einen, in Schaltjahren sogar um 2 Tage. Für das angebrochene Jahr müssen wir dann noch die bereits vergangenen Tage berücksichtigen.

```
PROGRAM wochentag (input, output);
TYPE
    tagtyp = 1..31;
    monatstyp = 1..12;
VAR
    tag : tagtyp;
    monat : monatstyp;
    jahr, verschiebung : integer;
FUNCTION schaltjahr (jahr : integer) : boolean;
(* liefert true, wenn jahr ein Schaltjahr ist *)
    BEGIN
        schaltjahr := (jahr MOD 4 = 0) AND ((jahr MOD 100 <> 0)
            OR (jahr MOD 400 = 0))
    END (* schaltjahr *);
FUNCTION anzahlschaltjahre (anfang, ende : integer) : integer;
(* liefert die Anzahl der Schaltjahre zwischen anfang und ende, je inklusive *)
    VAR
        anzahl, i : integer;
    BEGIN
        anzahl := 0;
        FOR i := anfang TO ende DO
            IF schaltjahr (i) THEN anzahl := anzahl + 1;
        anzahlschaltjahre := anzahl
    END (* anzahlschaltjahre *);
```

```
FUNCTION tage (tag : tagtyp; monat : monatstyp; jahr : integer) : integer;
(* liefert die Anzahl der Tage, die vom 1.1. bis tag.monat. von jahr vergehen *)
   VAR
       anzahl, i : integer;
   BEGIN
       anzahl := tag - 1;
       FOR i := 1 TO monat - 1 DO
          BEGIN
              IF i IN [1, 3, 5, 7, 8, 10] THEN anzahl := anzahl + 31
              ELSE IF i IN [4, 6, 9, 11] THEN anzahl := anzahl + 30
              ELSE IF schaltjahr (jahr) THEN anzahl := anzahl + 29
              ELSE anzahl := anzahl + 28
          END (* FOR *);
       tage := anzahl
   END (* tage *);
BEGIN (* wochentag *)
   write ('Geben Sie ein Datum nach dem 1.1.1900 in der Form TT MM JJJJ an --> ');
   readln (tag, monat, jahr);
   IF jahr < 1900
       THEN writeln ('Dies ist die Zusatzaufgabe.')
       ELSE
          BEGIN
              verschiebung := (jahr - 1900 (* 1 Tag pro Jahr, da 365 MOD 7 = 1 *)
                       + anzahlschaltjahre (1900, jahr - 1)
                       + tage (tag, monat, jahr)) MOD 7;
              CASE verschiebung OF
                  0 : writeln ('Montag');
                  1 : writeln ('Dienstag');
                  2 : writeln ('Mittwoch');
                  3 : writeln ('Donnerstag');
                  4 : writeln ('Freitag');
                  5 : writeln ('Samstag');
                  6 : writeln ('Sonntag')
              END (* CASE *)
          END (* ELSE *)
END (* wochentag *).
```

Bemerkungen

Ändern Sie die Lösung so ab, daß

(a) jedes unzulässige Datum, wie etwa der 31.2.1983, als falsch erkannt wird.

(b) auch vor dem 1.1.1900 liegende Daten korrekt zugeordnet werden.

29. Biorhythmus (Alltagsprobleme)

Die Biorhythmusforscher erklären das Auf und Ab der Verfassung des Menschen durch die rhythmischen Veränderungen der körperlichen, seelischen und geistigen Kondition. Jede dieser drei Konditionen ändert sich sinusförmig mit einer spezifischen Periode, die beim körperlichen Rhythmus 23 Tage, beim seelischen 28 Tage und beim geistigen 33 Tage beträgt. Jeder der Rhythmen beginnt mit der Geburt (der Geburtstag ist der erste Rhythmustag) und bleibt bis zum Tod unverändert. Menschen haben angeblich ihre Hochleistungsphasen dort, wo die drei Konditionen gut sind.

Schreiben Sie ein Programm, das Ihnen bei Angabe Ihres Geburtsdatums und des aktuellen Datums eine Diagnose Ihrer augenblicklichen Kondition liefert. Verwenden Sie Ihre Kenntnisse aus dem Problem "Wochentag" zum Bestimmen der Anzahl der Tage, die seit Ihrem Geburtstag vergangen sind.

Lösungsweg (Funktion)

Die Anzahl der Tage im Geburtsjahr ab dem Geburtstag ergibt sich aus der Differenz der Anzahl der Tage bis zum Geburtstag und der Anzahl der Tage des Jahres. Addiert man dazu die Anzahl der Tage in den Jahren zwischen dem Geburtsjahr und dem aktuellen Jahr, je ausschließlich, und die Anzahl der Tage, die im aktuellen Jahr bis zum aktuellen Tag vergangen sind, so erhält man die seit dem Geburtstag vergangenen Tage.

Für jeden der drei Rhythmen werden die vergangenen vollen Perioden weggerechnet, und für die verbleibende angefangene Periode wird der Funktionswert der entsprechenden Sinuskurve berechnet und so normiert, daß sich als Resultat ein Wert zwischen 0 und 100 Prozent ergibt.

Bemerkungen

Genau genommen wird der Geburtstag nur dann als erster Rhythmustag gezählt, wenn die betreffende Person am Vormittag geboren ist. Ändern Sie Ihr Programm so, daß es dieses berücksichtigt und außerdem eine Tabelle oder Kurve Ihrer Verfassung für mehrere aufeinanderfolgende Tage ausgibt.

```pascal
PROGRAM biorhythmus (input, output);
USES transcend;
(* Hier: Typdefinitionsteil aus Programm "Wochentag" *)
VAR
    tag, gebtag : tagtyp;
    monat, gebmonat : monatstyp;
    jahr, gebjahr : integer;
(* Hier: Funktionen schaltjahr, anzahlschaltjahre und tage
    aus Problem "Wochentag" *)
FUNCTION differenztage (tag, gebtag : tagtyp; monat, gebmonat : monatstyp;
        jahr, gebjahr : integer) : integer;
(* liefert Anzahl der zwischen den Daten liegenden Tage, je einschliesslich *)
    BEGIN
        differenztage := anzahlschaltjahre (gebjahr, jahr - 1) + 365 * (jahr - gebjahr)
                + tage (tag, monat, jahr) + 1 - tage (gebtag, gebmonat, gebjahr)
    END (* differenztage *);
FUNCTION kondition (tag, gebtag : tagtyp; monat, gebmonat : monatstyp;
        jahr, gebjahr, periode : integer) : integer;
(* liefert die aktuelle Kondition, mit der Periode beginnend am Geburtsdatum *)
    CONST
        zwopi = 6.2824;
    BEGIN
        kondition := trunc (50 * (1 + sin (((differenztage (tag, gebtag, monat,
                gebmonat, jahr, gebjahr) - 1) MOD periode + 1) * zwopi / periode)))
    END (* kondition *);
BEGIN (* biorhythmus *)
    writeln ('Ihre Biorhythmusberechnung fuer den heutigen Tag.');
    write ('Heutiges Datum (Tag Monat Jahr) --> ');
    readln (tag, monat, jahr);
    write ('Ihr Geburtsdatum --> ');
    readln (gebtag, gebmonat, gebjahr);
    writeln ('Ihre heutige Kondition (0..100%)');
    writeln ('    koerperliche Kondition: ', kondition (tag, gebtag, monat, gebmonat,
            jahr, gebjahr, 23), '%');
    writeln ('    seelische Kondition: ', kondition (tag, gebtag, monat, gebmonat,
            jahr, gebjahr, 28), '%');
    writeln ('    geistige Kondition: ', kondition (tag, gebtag, monat, gebmonat,
            jahr, gebjahr, 33), '%. Tschuess...')
END (* biorhythmus *).
```

30. <u>Absatz</u> (Alltagsprobleme)

Eine Firma plant, 12 Monate lang in jedem ungeraden Monat Werbung zu treiben, in jedem geraden Monat nicht zu werben. Dementsprechend schwanken die Absatzzahlen.

Für den Absatz in Stück A(i) im Monat i gelte:

$$A(i) = \begin{cases} A(i-1) + A(i-1) \text{ div } 10 & \text{für i ungerade} \\ (A(i-2) + A(i-1)) \text{ div } 2 & \text{für i gerade} \end{cases}$$

für $1 \le i \le 12$ und A(0) = 1200.

Die Absätze der 12 Monate sollen berechnet und ausgegeben werden.

<u>Lösungsweg</u> (If, Schleife)

Ein Feld mit Indizes 0 bis 12 wird entsprechend den obigen Angaben der Reihe nach mit den 13 Werten für A(0) bis A(12) gefüllt und anschließend ausgegeben.

```
PROGRAM absatz (input, output);
VAR
   absaetze : ARRAY [0..12] OF integer;
   i : integer;
BEGIN
   absaetze [0] := 1200;
   FOR i := 1 TO 12 DO
      BEGIN
         IF odd (i)
            THEN absaetze [i] := absaetze [i - 1] + absaetze [i - 1] DIV 10
            ELSE absaetze [i] := (absaetze [i - 2] + absaetze [i - 1]) DIV 2;
         writeln ('Im Monat ', i, ' werden ', absaetze [i], ' Stueck abgesetzt.')
      END (* FOR *)
END (* absatz *).
```

Bemerkungen

Obwohl die Formulierung des Problems eine rekursive Lösung nahelegt, läßt sich in diesem Fall direkt eine iterative Lösung angeben. Das ist nicht immer so einfach.

Versuchen Sie,

(a) eine rekursive Lösung anzugeben.

(b) eine rekursive und eine iterative Lösung für eine einzulesende Obergrenze für i anzugeben. Beachten Sie, daß dann kein Feld mehr benutzt werden kann.

31. Kalenderwoche (DV-Algorithmen)

Für viele Anwendungen ist es erforderlich, zyklisch zu zählen. Für Werte aus einem gegebenem Bereich ist dabei der Nachfolger des letzten Wertes wieder der erste Wert, der Vorgänger des ersten Wertes der letzte Wert. Beispiele finden sich beim Zählen von Sekunden, Minuten, Stunden, Monaten mit den Zählbereichen 0 bis 59, 0 bis 23, 1 bis 12.

Es sollen zwei Funktionen definiert werden, die den Vorgänger bzw. Nachfolger eines gegebenen ganzzahligen Wertes bei zyklischer Zählweise in einem vorgegebenen Ausschnitt der ganzen Zahlen liefern. Die Funktionen sollen verwendet werden, um zu einer einzulesenden Nummer einer Kalenderwoche die Nummer der davorliegenden und darauffolgenden Kalenderwochen anzugeben (bei 52 Kalenderwochen).

Lösungsweg (Funktion)

Die Funktionen liefern den Nachfolger bzw. Vorgänger in Abhängigkeit von einem aktuellen Wert und den Bereichsgrenzen durch explizites Abprüfen der Randwerte und Anwendung der Standardfunktionen *succ* und *pred* im Innern des Zählbereichs.

```pascal
PROGRAM kalenderwoche (input, output);
VAR
    woche : 1..52;
FUNCTION vorgaenger (wert : integer; anfang, ende : integer) : integer;
(* berechnet den zyklischen Vorgaenger von wert im Bereich anfang bis ende *)
    BEGIN
        IF wert = anfang
            THEN vorgaenger := ende
            ELSE vorgaenger := pred (wert)
    END (* vorgaenger *);
FUNCTION nachfolger (wert : integer; anfang, ende : integer) : integer;
(* berechnet den zyklischen Nachfolger von wert im Bereich anfang bis ende *)
    BEGIN
        IF wert = ende
            THEN nachfolger := anfang
            ELSE nachfolger := succ (wert)
    END (* nachfolger *);
BEGIN (* kalenderwoche *)
    REPEAT
        write ('Geben Sie bitte eine Kalenderwoche zwischen 1 und 52 ein --> ');
        readln (woche)
    UNTIL (woche >= 1) AND (woche <= 52);
    writeln ('Davor liegt die Kalenderwoche ', vorgaenger (woche, 1, 52), '.');
    writeln ('Danach kommt die Kalenderwoche ', nachfolger (woche, 1, 52), '.')
END (* kalenderwoche *).
```

<u>Bemerkungen</u>

Ändern Sie das Programm so, daß

(a) überprüft wird, ob der gegebene Wert überhaupt im zulässigen Bereich liegt.

(b) das zyklische Zählen durch die Anwendung arithmetischer Operationen wie etwa
      MOD realisiert wird.

Beachten Sie, daß das zyklische Zählen für Werte eines Aufzählungstyps analog erklärt
und verwendet wird. Der Zählbereich ist dabei natürlich fest an den Typ gebunden.

32. Zahlenlänge (Algebra)

Auf möglichst kleinem Raum soll eine Tabelle der Umsatzzahlen aller Verkäufer der Firma Ges&Brunnen Mineralwässer GmbH für alle Monate eines Jahres dargestellt werden. Wegen der starken saisonalen Umsatzschwankungen ist es sinnvoll, die Tabellenspalte für jeden Monat nur so breit zu machen, wie es die einzutragenden Umsätze erfordern. Sie werden beauftragt, als Vorbereitung eine Funktion zu definieren und mittels eines Prüfprogramms zu testen, die zu einem gegebenen positiven ganzzahligen Argument dessen Länge als Wert liefert.

Beispiel

Geben Sie bitte eine positive ganze Zahl <= 32767 ein --> 12345
Die Laenge der Zahl 12345 ist 5.

Lösungsweg (Funktion, Rekursion)

Die Zahl, deren Länge bestimmt werden soll, wird eingelesen. Ist die Zahl kleiner als 10, so ist ihre Länge 1; andernfalls ist ihre Länge eins mehr als die Länge der ganzzahlig durch 10 dividierten Zahl.

```pascal
PROGRAM laengeeinerzahl (input, output);
VAR
   zahl : integer;
FUNCTION laenge (zahl : integer) : integer;
(* liefert die Laenge von zahl *)
  BEGIN
    IF (zahl DIV 10) = 0
       THEN laenge := 1
       ELSE laenge := laenge (zahl DIV 10) + 1
  END (* laenge *);
BEGIN (* laengeeinerzahl *)
   write ('Geben Sie bitte eine positive ganze Zahl <= ', maxint, ' ein --> ');
   readln (zahl);
   IF zahl <= 0
      THEN write ('Fehler: keine positive Zahl. Programmabbruch.')
      ELSE writeln ('Die Laenge der Zahl ', zahl, ' ist ', laenge (zahl), '.')
END (* laengeeinerzahl *).
```

<u>Bemerkungen</u>

Das Programm illustriert die beiden wesentlichen Teile rekursiver Lösungsansätze: Die Situation, die zum Rekursionsabbruch führt, wird charakterisiert (die Zahl ist kleiner als 10), und das Ergebnis für diese Situation wird festgelegt (die Länge der Zahl ist 1). Jede andere Situation wird durch einen Vereinfachungsschritt (die Zahl wird ganzzahlig durch 10 dividiert) in eine einfachere Situation überführt (die Länge dieser neuen Zahl muß ermittelt werden), wobei das Ergebnis entsprechend verändert wird (die Länge wird um 1 korrigiert).

Man überlege sich, wie die Funktion bei einer iterativen Lösung auszusehen hätte. Welche Vor- bzw. Nachteile hat die iterative gegenüber der rekursiven Lösung?

Man verwende die definierte Funktion, um die gewünschte Tabelle herzustellen und auszugeben (die Umsatzzahlen von 15 Verkäufern in den 12 Monaten sollen eingelesen werden).

33. Scheckbetrug (Alltagsprobleme)

Zur vorbeugenden Abwehr von Manipulationen der auf Schecks gedruckten Beträge werden führende Leerstellen üblicherweise so durch Sterne ersetzt, daß der auf dem Scheckformular vorgegebene Druckbereich ausgefüllt ist. Der gedruckte Betrag wird dabei am rechten Rand des Druckbereichs ausgerichtet.

Schreiben Sie ein Programm, das bei einem gegebenen positiven ganzen Betrag und einer gegebenen Breite des Druckbereichs die Ausgabe mit führenden Sternen vornimmt. Verwenden Sie die Berechnung der Länge einer Zahl aus Problem "Zahlenlänge". Ist der Druckbereich kleiner als die Länge der Zahl, so soll er (analog zum *write* in Pascal) um die benötigten Stellen überschritten werden; führende Sterne sind dann natürlich nicht zu drucken.

Lösungsweg (Ein-/Ausgabe, Arithmetik, Schleife)

Nach dem Anfordern und Einlesen der Zahl und der Breite des Druckbereichs wird die Länge der Zahl berechnet. Falls diese kleiner ist als die Druckbreite, so werden die gewünschten Druckzeichen (in unserem Fall Sterne) ausgegeben, gefolgt von der Zahl.

```
PROGRAM scheckbetrug (input, output);
VAR
    zahl, druckbreite : integer;
PROCEDURE schreibfuehrende (zeichen : char; zahl, druckbreite : integer);
    VAR
      i : integer;
    (* Hier: Funktion laenge fuer Laenge der Zahl, aus Problem "Zahlenlaenge" *)
    BEGIN (* schreibfuehrende *)
       FOR i := laenge (zahl) + 1 TO druckbreite DO write (zeichen);
       write (zahl)
    END (* schreibfuehrende *);
BEGIN (* scheckbetrug *)
    write ('Nichtnegative ganze Zahl, die auszugeben ist --> ');
    readln (zahl);
    write ('Breite des Druckbereichs (0..80) --> ');
    readln (druckbreite);
    IF (zahl < 0) OR (druckbreite < 0) OR (druckbreite > 80)
       THEN write ('Fehler: Eingabe nicht wie gefordert. Programmabbruch...')
       ELSE schreibfuehrende ('*', zahl, druckbreite)
END (* scheckbetrug *).
```

Bemerkungen

Ändern Sie das Programm so, daß es

(a) auch negative Zahlen verarbeitet.

(b) reelle Zahlen verarbeitet, wobei aber die Zahl der Stellen nach dem Dezimalpunkt
     vorgegeben wird.

(c) das Einlesen des Druckzeichens, mit dem aufgefüllt werden soll, gestattet. Ver-
     wenden Sie diese Möglichkeit, um positive ganze Zahlen mit führenden Nullen aus-
     zugeben.

34. Digitaluhr (Alltagsprobleme)

Um eine Digitaluhr auf Ihrem Rechner zu simulieren, wollen Sie zunächst das Zählen der Zeit programmieren. Zu einem in der Form Stunde:Minute:Sekunde (z.B. 13:59:59) gegebenen Zeitpunkt soll der nächste Zeitpunkt in der Zählreihenfolge, also eine Sekunde später (14:00:00) ermittelt und in entsprechender Form ausgegeben werden.

Lösungsweg (If)

Das zyklische Zählen der Sekunden, Minuten und Stunden (vgl. auch Problem "Kalenderwoche") wird mit dem Bilden eines Übertrags beim Erreichen des Rands des Zählbereichs der Sekunden und Minuten kombiniert. Zum Ausgeben führender Nullen verwenden wir die Prozedur *schreibfuehrende* aus Problem "Scheckbetrug".

Bemerkungen

Verwenden Sie Ihre Lösung, um fortgesetzt zu zählen, d.h. Ihre Uhr laufen zu lassen. Wenn Sie über die Möglichkeit der Positionierung des Cursors auf dem Bildschirm (z.B. *gotoxy*) verfügen, dann verwenden Sie diese, um die entsprechenden Ziffern laufend zu ändern und das Bild der Uhrzeit an einer Stelle stehen zu lassen. Versuchen Sie, Ihre Uhr mit der wirklichen Zeit zu synchronisieren.

```pascal
PROGRAM digitaluhr (input, output);
VAR
   stunde, minute, sekunde : integer;
   punkte : char;
(* Hier: Prozedur schreibfuehrende zum Schreiben fuehrender Zeichen aus
   Problem "Scheckbetrug" *)
BEGIN (* digitaluhr *)
   writeln ('Zaehler fuer Digitaluhr.');
   REPEAT
      write ('Uhrzeit in der Form HH:MM:SS --> ');
      readln (stunde, punkte, minute, punkte, sekunde);
   UNTIL (stunde IN [0..23]) AND ([minute, sekunde] <= [0..59]);
   IF sekunde < 59
      THEN sekunde := sekunde + 1
      ELSE
         BEGIN
            sekunde := 0;
            IF minute < 59
               THEN minute := minute + 1
               ELSE
                  BEGIN
                     minute := 0;
                     IF stunde < 23
                        THEN stunde := stunde + 1
                        ELSE stunde := 0
                  END (* ELSE *)
         END (* ELSE *);
   write ('Eine Sekunde spaeter ist es        ');
   schreibfuehrende ('0', stunde, 2);
   write (':');
   schreibfuehrende ('0', minute, 2);
   write (':');
   schreibfuehrende ('0', sekunde, 2);
   writeln;
   write ('Das war''s. Tschuess...')
END (* digitaluhr *).
```

35. <u>Wortzahl</u> (Textverarbeitung)

In einem Text soll die Anzahl aller Wörter bestimmt werden, wobei mehrfach auftretende Wörter auch mehrfach gezählt werden.

Als Wort wird jede ununterbrochene Folge von Groß- und Kleinbuchstaben betrachtet; alle anderen Zeichen sollen ignoriert werden. Der zu untersuchende Text soll von einer Textdatei mit anzugebendem Dateinamen eingelesen werden.

<u>Beispiel</u>

Geben Sie bitte den Namen einer vorhandenen Textdatei ein --> #4:WORTZAHL.TEXT
Die Anzahl der Wörter in der Datei #4:WORTZAHL.TEXT ist 91.

<u>Lösungsweg</u> (Schleife, File)

Zunächst muß der Name einer (als vorhanden vorausgesetzten) Textdatei angefordert, und diese Datei zum Lesen eröffnet werden. Diese Datei wird dann zeichenweise bearbeitet. Die Anzahl gefundener Wörter wird mit einer Meldung ausgegeben.

```pascal
PROGRAM wortzahl (input, output);
VAR
   eingabe : text;
   dateiname : string;
   anzahl : integer;
   inwort, buchstabe : boolean;
   ch : char;
BEGIN
   write ('Geben Sie bitte den Namen einer vorhandenen Textdatei ein --> ');
   readln (dateiname);
   reset (eingabe, dateiname);
   anzahl := 0;
   inwort := false;
   WHILE NOT eof (eingabe) DO
      BEGIN
         read (eingabe, ch);
         buchstabe := ch IN  [ 'A'..'Z', 'a'..'z' ] ;
         IF inwort AND NOT buchstabe
            THEN inwort := false
            ELSE
               IF NOT inwort AND buchstabe
                  THEN
                     BEGIN
                        inwort := true;
                        anzahl := anzahl + 1 (* zaehle am Wortanfang *)
                     END (* THEN *)
      END (* WHILE *);
   writeln ('Die Anzahl der Woerter in der Datei ', dateiname, ' ist ', anzahl, '.')
END (* wortzahl *).
```

Bemerkungen

Das Programm kann leicht so geändert werden, daß es

(a) alle Buchstaben zählt.

(b) alle Zeilen zählt.

36. Buchstabencodierung (Textverarbeitung)

In einem Text sollen alle Großbuchstaben in Kleinbuchstaben umgewandelt werden. Die anderen Zeichen sollen unverändert bleiben.

Der Text soll von einer Textdatei mit anzugebendem Dateinamen eingelesen und in umgewandelter Form in eine Textdatei, deren Name ebenfalls anzugeben ist, ausgegeben werden.

Lösungsweg (File)

Die Dateinamen für die Ein- und Ausgabedatei werden angefordert, eingelesen und die Dateien eröffnet bzw. neu angelegt.

Danach wird von der Eingabedatei jedes einzelne Zeichen gelesen und nach einer möglicherweise vorgenommenen Umwandlung in die Ausgabedatei geschrieben.

Bemerkungen

In der Prozedur *wandle* wird vorausgesetzt, daß sowohl die Groß- als auch die Kleinbuchstaben lückenlos im Bereich aller Zeichen angeordnet sind. Dies gilt für den ASCII-Code. Bei anderen Zeichencodierungen ist *wandle* entsprechend zu ändern.

Sind Ein- und Ausgabedatei auf derselben Diskette, so ist es empfehlenswert, beim Öffnen der Eingabedatei mittels *reset* eine Längenangabe zu machen, um mit Sicherheit Platz für die Ausgabedatei freizuhalten. (Ohne Längenangabe wird beim Öffnen einer Datei möglichst viel zusammenhängender freier Platz auf der Diskette belegt.)

Die Angabe von *close(ausgabe, lock)* bewirkt, daß die Ausgabedatei auf der Diskette permanent gemacht wird, also auch nach Beendigung des Programmlaufs dort zur Verfügung steht.

Man wandle das Programm so ab, daß es

(a) das Problem statt mit der Prozedur *wandle* mittels einer Funktion löst, die als Funktionswert das umgewandelte Zeichen liefert.

(b) nur Buchstaben in die Ausgabedatei schreibt und alle anderen Zeichen ignoriert.

(c) alle Zeichen einer fest vorgegebenen Codiertabelle entsprechend verschlüsselt ausgibt.

```pascal
PROGRAM grossklein (input, output);
VAR
    eingabe, ausgabe : text;
    einname, ausname : string;
    zeichen : char;
PROCEDURE wandle (VAR zeichen : char);
(* wandelt Zeichen wie gewünscht um *)
    BEGIN
        IF zeichen IN ['A'..'Z']
            THEN zeichen := chr (ord (zeichen) + ord ('a') - ord ('A'))
    END (* wandle *);
BEGIN (* grossklein *)
    write ('Geben Sie bitte den Namen der Eingabedatei an --> ');
    readln (einname);
    write ('Geben Sie bitte den Namen der Ausgabedatei an --> ');
    readln (ausname);
    reset (eingabe, einname);
    rewrite (ausgabe, ausname);
    WHILE NOT eof (eingabe) DO
      BEGIN
        WHILE NOT eoln (eingabe) DO
          BEGIN
            read (eingabe, zeichen);
            wandle (zeichen);
            write (ausgabe, zeichen)
          END (* WHILE *);
        readln (eingabe);
        writeln (ausgabe)
      END (* WHILE *);
    close (ausgabe, lock)
END (* grossklein *).
```

37. Seitenumbruch (Textverarbeitung)

Es ist beabsichtigt, einen Text für die Ausgabe so aufzubereiten, daß er in Seiten unterteilt wird und diese Seiten durchnumeriert werden. Jede Seite soll mit einer Kopfzeile beginnen. Die Seitenzahl soll in dieser Kopfzeile rechts stehen. Außerdem soll in der Kopfzeile ein einzugebender Text linksbündig stehen. Die Anzahl der Zeilen pro Seite soll vom Programmbenutzer angegeben werden. Die Zeilen des aufzubereitenden Textes sollen die Länge 80 nicht überschreiten und unverändert auf eine Datei (z.B. auf einer Diskette) übertragen werden. Die sich ergebenden Seiten des Textes sollen dabei ohne besondere Seitenwechsel-Informationen (wie etwa *page*) aufeinanderfolgen.

Alle Angaben (Anzahl Zeilen pro Seite, Text für Kopfzeile, Dateiname, Text selbst) sollen über die Tastatur eingegeben werden.

Lösungsweg (Schleife, String)

Zunächst werden alle notwendigen Informationen für die Aufbereitung des Textes, gefolgt vom Text selbst, verlangt und eingelesen. Jede Zeile wird direkt auf die Ausgabedatei übertragen, wobei notwendige Kopfzeilen dazwischengeschoben werden.

```
PROGRAM seitenumbruch (input, output);
CONST
    zeilenlaenge = 80;
    kopflaenge = 70;
VAR
    ausgabe : text;
    dateiname, seitenstr, neuezeile : string;
    kopfzeile : string [ kopflaenge ];
    antwort : char;
    maxzeilen, zeile, seite : integer;
BEGIN
    write ('Geben Sie bitte den Namen einer anzulegenden Datei an --> ');
    readln (dateiname);
    rewrite (ausgabe, dateiname);
    REPEAT
        write ('Wieviele Zeilen soll die Ausgabeseite lang sein (>1) --> ');
        readln (maxzeilen)
    UNTIL maxzeilen > 1;
```

```
write ('Wuenschen Sie einen Text fuer die Kopfzeile (J/N) --> ');
readln (antwort);
kopfzeile := '';
IF antwort IN ['J', 'j']
   THEN
      BEGIN
         writeln ('Geben Sie nun den Text fuer die Kopfzeile ein ',
             '(max. ', kopflaenge, ' Zeichen) --> ');
         readln (kopfzeile)
      END (* THEN *);
seite := 1;
writeln ('Geben Sie nun Ihren Text an --> ');
WHILE NOT eof DO
   BEGIN (* mache Kopfzeile *)
      str (seite, seitenstr);
      writeln (ausgabe, kopfzeile, ' ' : zeilenlaenge - length (kopfzeile)
          - length (seitenstr), seitenstr);
      zeile := 2;
      seite := seite + 1;
      WHILE NOT eof AND (zeile <= maxzeilen) DO
         BEGIN (* uebernimm Zeilen *)
            readln (neuezeile);
            writeln (ausgabe, neuezeile);
            zeile := zeile + 1
         END (* WHILE *)
   END (* WHILE *);
   close (ausgabe, lock)
END (* seitenumbruch *).
```

Bemerkungen

Trotz der Möglichkeit, die Länge der Ausgabeseite selbst zu bestimmen und einen Kopfzeilentext anzugeben, ist das Ausgabeformat relativ starr festgelegt.

Ändern Sie das Programm so, daß

(a) die Seitenzahlen nach Wahl rechts oder links oben erscheinen.

(b) ungerade Seitenzahlen rechts, gerade links oben erscheinen.

(c) die Seitenzahlen zentriert unten und der Kopfzeilentext zentriert oben erscheinen.

(d) der Benutzer zwischen (a), (b) und (c) wählen kann.

(e) zusätzlich Randausgleich möglich ist (vgl. Problem "Randausgleich").

74

38. Flächenberechnung (Algebra)

Ein rechenfauler Sextaner, der eben darum umso mehr Gefallen an Computern hat, möchte ein Programm erstellen, das ihm die leidigen Flächenberechnungen für die Geometriestunde abnimmt.

Zunächst reicht es ihm, die Flächen für Kreis, Quadrat und Rechteck berechnen zu können, da der Unterricht noch nicht weiter fortgeschritten ist. Durch Eingabe einer Kennung für die jeweils gewünschte Figur (etwa K für Kreis, usw.) soll ihm die Auswahl ermöglicht werden, und es sollen vom Rechner die entsprechenden Daten angefordert werden. Nach der Berechnung der Fläche soll diese mit einer Meldung ausgegeben werden.

Versetzen Sie sich in die Lage des Sextaners und schreiben Sie das gewünschte Programm.

Lösungsweg (Case, Record, With)

Für die verschiedenen Figuren sehen wir einen record mit den gewünschten Varianten vor. Über den einzulesenden Wert des tag-fields wählen wir die geeignete Variante aus und fordern entsprechend viele weitere Daten an. Wird eine falsche Kennung angegeben, so brechen wir das Programm mit einer Meldung ab, sonst wird die Fläche, wieder abhängig von der gewählten Variante, berechnet und ausgegeben.

Bemerkungen

In der gewählten Lösung ist bemerkenswert, daß die Funktion *lesen* einen Seiteneffekt hat. Tatsächlich wird nicht nur ein Funktionswert geliefert, sondern auch der Parameter ändert seinen Wert. Falls sich eine solche Vorgehensweise nicht direkt anbietet, ist eine Prozedur in einem solchen Fall vorzuziehen.

Modifizieren Sie die Lösung so, daß

(a) alternative Daten für Figuren eingegeben werden können (z.B. wahlweise Radius oder Durchmesser des Kreises).

(b) andere, durch Sie festgelegte Flächenberechnungen vorgenommen werden können.

(c) auch Volumen von Figuren berechnet werden können.

```pascal
PROGRAM flaechenberechnung (input, output);
CONST
   pi = 3.14;
TYPE
   figur = RECORD
                 CASE kennung : char OF
                    'K', 'k' : (radius : real);
                    'Q', 'q' : (seitenlaenge : real);
                    'R', 'r' : (laenge, breite : real)
             END;
VAR
   f : figur;
FUNCTION flaeche (f : figur) : real;
(* berechnet die flaeche der Figur f *)
   BEGIN
      WITH f DO
         CASE kennung OF
            'K', 'k' : flaeche := pi * radius * radius;
            'Q', 'q' : flaeche := seitenlaenge * seitenlaenge;
            'R', 'r' : flaeche := laenge * breite
         END (* CASE *)
   END (* flaeche *);
FUNCTION lesen (VAR f : figur) : boolean;
(* liefert true, falls die Werte fuer eine gueltige Figur f gelesen werden
   koennen; sonst hat lesen den Wert false *)
   BEGIN
      WITH f DO
         BEGIN
            write ('Geben Sie bitte die Kennung fuer die Figur (K,k,Q,q,R,r) ein --> ');
            readln (kennung);
            IF kennung IN ['K', 'k', 'Q', 'q', 'R', 'r']
               THEN
                  BEGIN
                     lesen := true;
                     CASE kennung OF
                        'K', 'k' :
                           BEGIN
                              write ('Geben Sie bitte den Radius ein --> ');
                              readln (radius)
                           END (* 'K', 'k' *);
```

```
                        'Q', 'q' :
                           BEGIN
                              write ('Geben Sie bitte die Seitenlaenge ein --> ');
                              readln (seitenlaenge)
                           END (* 'Q', 'q' *);
                        'R', 'r' :
                           BEGIN
                              write ('Geben Sie bitte die Laenge ein --> ');
                              readln (laenge);
                              write ('und jetzt die Breite --> ');
                              readln (breite)
                           END (* 'R', 'r' *)
                     END (* CASE *)
                  END (* THEN *)
               ELSE
                  BEGIN
                     lesen := false;
                     write ('Diese Figur war noch nicht dran. Tschuess...')
                  END (* ELSE *)
            END (* WITH *)
      END (* lesen *);
PROCEDURE ausgabe (f : figur);
(* gibt die Flaeche von f mit einer Meldung aus *)
   BEGIN
      CASE f.kennung OF
         'K', 'k' : write ('Der Kreis mit Radius ', f.radius);
         'Q', 'q' : write ('Das Quadrat mit Seite ', f.seitenlaenge);
         'R', 'r' : write ('Das Rechteck mit Laenge ', f.laenge, ' und Breite ', f.breite)
      END (* CASE *);
      write (' hat die Flaeche ', flaeche (f))
   END (* ausgabe *);
BEGIN (* flaechenberechnung *)
   IF lesen (f) THEN ausgabe (f)
END (* flaechenberechnung *).
```

39. Randausgleich (Textverarbeitung)

Ein Text soll für die Ausgabe so aufbereitet werden, daß ein Randausgleich erzielt
wird. Alle Zeilen sollen dazu mit möglichst vielen Wörtern gefüllt und, falls
notwendig, mit möglichst gleichmäßig auf die Wortzwischenräume verteilten
Leerzeichen auf eine Zeilenlänge von 80 Zeichen aufgefüllt werden. Die letzte Zeile
soll nicht aufgefüllt werden.

Wörter sind alle nicht durch Leerzeichen oder Zeilenende-Zeichen unterbrochenen
Folgen von Zeichen. Der aufzubereitende Text soll über die Tastatur eingegeben
werden und aus mindestens einem Wort bestehen. Die Eingabezeilen sollen aus
höchstens 80 Zeichen bestehen. Die Ausgabe soll in einer Datei abgespeichert
werden.

Lösungsweg (String)

Der Text wird zeilenweise in einen Eingabezeilenpuffer eingelesen. Dann wird der
Inhalt dieses Puffers wortweise in einen Ausgabezeilenpuffer übertragen. Werden
weitere Wörter für den Ausgabezeilenpuffer benötigt, so wird eine weitere Zeile
eingelesen. Sobald ein Wort nicht mehr in den Ausgabezeilenpuffer paßt, werden die
übriggebliebenen Leerzeichen auf die Wortzwischenräume verteilt. Hierzu müssen die
Wörter im Ausgabezeilenpuffer gezählt werden. Nach dieser Aufbereitung wird der
Ausgabezeilenpuffer auf eine anfangs eröffnete Textdatei ausgegeben.

Bemerkungen

Das angegebene Programm ist ein Beispiel für die Anwendung von Standard-
Prozeduren und -Funktionen zur Manipulation von Zeichenketten in UCSD-Pascal.
Leider erlaubt Standard-Pascal keine entsprechende string-Behandlung.

Die Lösung der Aufgabe kann leicht so verändert werden, daß

(a) nur der rechte Rand ausgeglichen wird.

(b) die Zeilen zentriert werden.

(c) die Länge der Ausgabezeile nicht auf 80 Zeichen festgelegt ist, sondern zunächst
     vom Programmbenutzer angegeben werden kann (in gewissen Grenzen).

(d) der aufzubereitende Text wahlweise von einer Textdatei kommen oder über die
     Tastatur eingegeben werden kann.

```pascal
PROGRAM randausgleich (input, output);
CONST
   zeilenlaenge = 80;
VAR
   ausgabe : text;
   dateiname, einzeile, auszeile, wort : string;
   wortzahl : integer;
PROCEDURE strecken (VAR auszeile : string; wortzahl : integer);
(* streckt auszeile mit wortzahl Worten auf die Laenge zeilenlaenge *)
   VAR
      anzleerz, rest, aktpos, i, j : integer;
   BEGIN
      anzleerz := (zeilenlaenge - length (auszeile)) DIV (wortzahl - 1);
      rest := (zeilenlaenge - length (auszeile)) MOD (wortzahl - 1);
      aktpos := 1;
      FOR j := 1 TO wortzahl - 1 DO
         BEGIN
            aktpos := aktpos + pos (' ', copy (auszeile, aktpos,
                  length (auszeile) - aktpos + 1));
            FOR i := 1 TO anzleerz DO insert (' ', auszeile, aktpos);
            aktpos := aktpos + anzleerz;
            IF rest > 0
               THEN (* uebrige Leerzeichen zu verteilen *)
                  BEGIN
                     insert (' ', auszeile, aktpos);
                     aktpos := aktpos + 1;
                     rest := rest - 1
                  END (* THEN *)
         END (* FOR *)
   END (* strecken *);
PROCEDURE abtrennen (VAR wort, zeile : string);
(* trennt das erste wort von zeile ab *)
   BEGIN
      WHILE pos (' ', zeile) = 1 DO delete (zeile, 1, 1);
      IF pos (' ', zeile) = 0
         THEN
            BEGIN
               wort := zeile;
               zeile := ''
            END (* THEN *)
         ELSE
```

```pascal
    BEGIN
        wort := copy (zeile, 1, pos (' ', zeile) - 1);
        delete (zeile, 1, pos (' ', zeile) - 1)
      END (* ELSE *)
    END (* abtrennen *);
BEGIN (* randausgleich *)
  write ('Geben Sie bitte den Namen der Ausgabedatei an --> ');
  readln (dateiname);
  rewrite (ausgabe, dateiname);
  writeln ('Geben Sie nun einen beliebig langen Text mit mindestens einem Wort ein.');
  writeln ('Zeilen schicken Sie mit RETURN ab.');
  writeln ('Das Ende des Textes kennzeichnen Sie mit CTRL-C');
  writeln ('-->');
  auszeile := '';
  wortzahl := 0;
  WHILE NOT eof DO
    BEGIN
      readln (einzeile);
      abtrennen (wort, einzeile);
      WHILE wort <> '' DO
        BEGIN
          IF auszeile <> '' THEN wort := concat (' ', wort);
          IF length (auszeile) + length (wort) > zeilenlaenge
            THEN (* Wort passt nicht mehr in alte Zeile *)
              BEGIN
                delete (wort, 1, 1);
                IF wortzahl > 1 THEN strecken (auszeile, wortzahl);
                writeln (ausgabe, auszeile);
                auszeile := '';
                wortzahl := 0
              END (* THEN *);
          auszeile := concat (auszeile, wort);
          wortzahl := wortzahl + 1;
          abtrennen (wort, einzeile)
        END (* WHILE *)
    END (* WHILE *);
  writeln (ausgabe, auszeile);
  close (ausgabe, lock)
END (* randausgleich *).
```

40. Magie (Alltagsprobleme)

Ein magisches Quadrat ist eine quadratische Anordnung natürlicher Zahlen, wobei die Summe der Zahlen in jeder Zeile und in jeder Spalte gleich ist.

Beispiel:

```
6   1   8
2   9   4
7   5   3        ist ein magisches Quadrat.
```

Ein Programm soll eine natürliche Zahl $n \leq 20$ für die Seitenlänge des Quadrats als Eingabe anfordern und lesen, gefolgt von den n^2 Zahlen des Quadrats in zeilenweiser Reihenfolge.

Diese Zahlen sollen in übersichtlicher Anordnung ausgegeben werden, zusammen mit der Diagnose, ob sie ein magisches Quadrat bilden.

Lösungsweg (Schleife, Array)

Der benötigte Bereich eines zweidimensionalen Feldes aus 20 x 20 Elementen wird mit den einzulesenden Werten belegt. Nach der Berechnung und dem Vergleich aller Spalten- und Zeilensummen werden der belegte Teil des Feldes und die Diagnose ausgegeben.

```pascal
PROGRAM magie (input, output);
CONST
   groesse = 20;
TYPE
   feld = ARRAY [1..groesse, 1..groesse] OF integer;
VAR
   quadrat : feld;
   i, j, n, zeile, spalte, summe : integer;
   magisch : boolean;
BEGIN
   magisch := true;
   write ('Seitenlaenge des Quadrats (in Elementen) --> ');
   readln (n);
   (* zeilenweise Eingabe der Zahlen des Quadrats *)
   FOR i := 1 TO n DO
     FOR j := 1 TO n DO
       BEGIN
         write ('Zahl fuer Zeile ', i, ' und Spalte ', j, ' --> ');
         readln (quadrat [i, j])
       END (* FOR *);
```

```
(* Berechnung der Summe der ersten Zeile *)
summe := 0;
FOR j := 1 TO n DO summe := summe + quadrat [1, j];
FOR i := 1 TO n DO
    BEGIN (* Berechnung der Summe der i-ten Zeile und Spalte
             und Vergleich mit summe *)
        zeile := 0;
        spalte := 0;
        FOR j := 1 TO n DO
            BEGIN
                zeile := zeile + quadrat [i, j];
                spalte := spalte + quadrat [j, i]
            END (* FOR *);
        IF (zeile <> summe) OR (spalte <> summe) THEN magisch := false
    END (* FOR *);
(* Ausgabe *)
writeln;
FOR i := 1 TO n DO
    BEGIN (* Zeile i des Quadrats ausgeben *)
        FOR j := 1 TO n DO write (quadrat [i, j] : 4);
        writeln
    END (* FOR *);
IF magisch
    THEN write ('Operation gelungen : Quadrat magisch. ')
    ELSE write ('Nicht verzagen, Magier fragen. ');
write ('Tschuess...')
END (* magie *).
```

Bemerkungen

Erweitern Sie Ihre Lösung so, daß zusätzlich die Summe der Zahlen in den Diagonalen auf Übereinstimmung mit den Zeilen- und Spaltensummen geprüft wird.

41. Magisches Quadrat (Alltagsprobleme)

Ein magisches Quadrat (vgl. Problem "Magie") der ersten n^2 positiven ganzen Zahlen
erhält man für ungerades n nach folgender Vorschrift:

(1) Die Zahl 1 wird in das mittlere Element der obersten Zeile eingetragen.

(2) Die Stelle des Eintrags der Zahl i+1 ergibt sich aus der Stelle des Eintrags der
Zahl i wie folgt:
Ist i ein Vielfaches von n, so wird i+1 "direkt oberhalb", sonst "direkt
links unterhalb" von i eingetragen.

Der linke und der rechte bzw. der obere und der untere Rand des Quadrats seien dabei
"zyklisch" aneinander angeschlossen; beispielsweise soll sich ein Element "direkt
oberhalb" eines Elements der obersten Zeile in der untersten Zeile befinden.

Schreiben Sie ein Programm, das eine positive ganze Zahl n (höchstens 15) einliest
und ein entsprechendes magisches Quadrat ausgibt.

Lösungsweg (Schleife, Array)

Zunächst fordern wir die Zahl für die Größe des Feldes an. Ist diese zulässig, so füllen
wir das Quadrat gerade der Vorschrift entsprechend. Hierzu nutzen wir die beiden
Funktionen *vorgaenger* und *nachfolger* zum zyklischen Zählen aus Problem
"Kalenderwoche". Am Ende wird das magische Quadrat ausgegeben.

Bemerkungen

Überprüfen Sie anhand der Lösung zu Problem "Magie" die Korrektheit des
gefundenen magischen Quadrats.

```pascal
PROGRAM magischesquadrat (input, output);
CONST
   max = 15;
TYPE
   index = 1.. max;
VAR
   i, j : index;
   n, k : integer;
   quadrat : ARRAY [index, index] OF integer;
(* Hier: Funktion vorgaenger aus Problem "Kalenderwoche" *)
(* Hier: Funktion nachfolger aus Problem "Kalenderwoche" *)
BEGIN (* magischesquadrat *)
   write ('Geben Sie bitte eine ungerade Zahl zwischen 1 und ', max, ' an --> ');
   readln (n);
   IF (NOT odd (n)) OR (n > max) OR (n < 1)
      THEN write ('Das war ''ne unzulaessige Zahl. Tschuess...')
      ELSE
         BEGIN (* oben Mitte eintragen *)
            i := 1;
            j := (n + 1) DIV 2;
            quadrat [i, j] := 1;
            FOR k := 2 TO n * n DO
               BEGIN (* bestimme naechste Position *)
                  IF (k - 1) MOD n = 0
                     THEN (* gehe nach oben *) i := vorgaenger (i, 1, n)
                     ELSE (* gehe nach links unten *)
                        BEGIN
                           i := nachfolger (i, 1, n);
                           j := vorgaenger (j, 1, n)
                        END (* ELSE *);
                  (* trage naechste Zahl dort ein *)
                  quadrat [i, j] := k
               END (* FOR *);
            (* Ausgabe *)
            writeln ('Es folgt das magische Quadrat:');
            FOR i := 1 TO n DO
               BEGIN
                  writeln;
                  FOR j := 1 TO n DO write (quadrat [i, j] : 4)
               END (* FOR *)
         END (* ELSE *)
END (* magischesquadrat *).
```

42. <u>Lustige Musikanten</u> (Alltagsprobleme)

Ein musikbesessener Computerfan möchte seinen Rechner zum Musizieren benutzen, da ihm ein Konzertflügel zu teuer erscheint. Trotzdem möchte er die Töne durch Drücken von Tasten erzeugen. Um gegen einen möglichen Verschleiß der Tasten seiner Tastatur gewappnet zu sein, soll die Zuordnung Taste-Ton frei wählbar sein. Nach der einmal gewählten Zuordnung sollen durch die gewählten Tasten dann die gewünschten Töne erzeugt werden können.

<u>Lösungsweg</u> (Schleife, Array)

In unserer Lösung betrachten wir nur die Töne für eine Oktave. Die *applestuff*-Prozedur *note (hoehe, dauer)* erlaubt es, einen Ton gegebener Höhe und Dauer zu erzeugen. Für die 13 verschiedenen Tonhöhen einer Oktave fragen wir nun den Benutzer nach einem zuzuordnenden Zeichen. In einem durch dieses Zeichen indizierten Element eines Feldes merken wir uns die dazugehörige Tonhöhe, um einen entsprechenden Ton später wieder erzeugen zu können, sobald der Benutzer die zugehörige Taste drückt.

```pascal
PROGRAM musik (input, output);
USES applestuff;
CONST
   dauer = 50;
VAR
   hoehe : integer;
   taste : char;
   noten : ARRAY [char] OF integer;
BEGIN (* initialisiere *)
   writeln ('Geben Sie bitte zu jedem nun folgenden Ton an,');
   writeln ('welcher Taste er zugeordnet werden soll.');
   FOR taste := chr (0) TO chr (127) DO noten [taste] := 0;
   FOR hoehe := 12 TO 24 DO
      BEGIN
         write ('Welche Taste --> ');
         note (hoehe, 5 * dauer);
         read (taste);
         writeln;
         WHILE noten [taste] <> 0 DO
            BEGIN
               write ('Diese Taste ist schon belegt. Neue Taste --> ');
               read (taste);
               writeln
            END (* WHILE *);
         noten [taste] := hoehe
      END (* FOR *);
   writeln ('Sie koennen nun durch Druecken der Tasten eine Melodie spielen.');
   writeln ('Beenden Sie mit RETURN');
   REPEAT
      read (taste);
      note (noten [taste], dauer)
   UNTIL eoln;
   write ('Tschuess. Das war''s...')
END (* musik *).
```

Bemerkungen

Modifizieren Sie Ihre Lösung so, daß

(a) mehr Töne umfasst werden.

(b) auch die Tondauer durch Eingabe bestimmter Tasten gesteuert werden kann.

43. <u>Schaubild</u> (Graphik)

Das Schaubild der Funktion $f(x) = 7 \cdot \sin(x/7)$ soll im Bereich $0 \leq x \leq 50$, $-9 \leq f(x) \leq 9$ durch die Punkte in der Ebene dargestellt werden, die sich ergeben, wenn man zu jedem ganzzahligen Argumentwert den Funktionswert berechnet und diesen auf einen ganzzahligen Wert rundet. Das Schaubild soll so ausgegeben werden, daß die x-Achse in horizontaler Richtung verläuft und jedes Paar $(x,f(x))$ durch einen Stern dargestellt wird.

<u>Lösungsweg</u> (Schleife, Array)

Wir speichern das gesamte Schaubild in einem Feld. Jedes Feldelement steht für eine Ausgabeposition auf dem Bildschirm.

```pascal
PROGRAM schaubild (input, output);
USES transcend;
TYPE
   xbereich = 0..50;
   ybereich = -9..9;
VAR
   bild : ARRAY [xbereich, ybereich] OF char;
   x : xbereich;
   y : ybereich;
BEGIN
   (* initialisiere *)
   FOR y := -9 TO 9 DO
      BEGIN
         bild [0, y] := 'l';
         FOR x := 1 TO 50 DO bild [x, y] := ' '
      END (* FOR *);
   (* berechne Bildpunkte *)
   FOR x := 0 TO 50 DO
      BEGIN
         bild [x, 0] := '-';
         bild [x, round (7 * sin (x / 7))] := '*'
      END (* FOR *);
   (* Ausgabe *)
   FOR y := 9 DOWNTO -9 DO
      BEGIN
         writeln;
         FOR x := 0 TO 50 DO write (bild [x, y])
      END (* FOR *)
END (* schaubild *).
```

Bemerkungen

Obwohl die Funktion *sin* zur Berechnung des Sinus in Standard-Pascal vordefiniert ist, kann man sie in UCSD-Pascal nur mit der Angabe *USES transcend* benutzen. Hat man eine solche Möglichkeit nicht, so muß man eine entsprechende Funktion selbst schreiben.

Man ändere das Programm so, daß es

(a) die x-Achse in vertikaler Richtung ausgibt.

(b) zur Darstellung eines Funktionswertes anstelle des Sterns ein beliebiges ein-zulesendes Zeichen verwendet.

44. Median (Statistik)

Der Median einer Folge von Buchstaben ist derjenige Buchstabe, der die mittlere Position belegt, wenn man sich die Buchstaben alphabetisch sortiert angeordnet denkt. Dabei zählen mehrfach auftretende Buchstaben auch mehrfach.

Man bestimme nun den Median einer Buchstabenfolge, die aus mindestens einem Element besteht und eine ungerade Anzahl von Buchstaben enthält.

Beispiel

Geben Sie bitte eine Folge von Buchstaben ein.
Beenden Sie Ihre Eingabe durch ein beliebiges anderes Zeichen.
--> DEDAACB
Der Median ist C.

Lösungsweg (Schleife, Array)

Wir gehen davon aus, daß nur Großbuchstaben vorliegen. In einem mit den Buchstaben indizierten Feld wird die Anzahl des Auftretens des jeweiligen Buchstabens abgespeichert. Gleichzeitig werden alle Buchstaben gezählt. Der Median wird dann durch Aufaddieren der Anzahlen des Auftretens der Buchstaben ermittelt, indem man bei A beginnt und bis zur Hälfte der Gesamtzahl aufaddiert.

```pascal
PROGRAM median (input, output);
VAR
   anzahl : ARRAY ['A'..'Z'] OF integer;
   gesamt, haelfte : integer;
   index : char;
BEGIN
   writeln ('Geben Sie bitte eine Folge von Buchstaben ein.');
   writeln ('Beenden Sie Ihre Eingabe durch ein beliebiges anderes Zeichen.');
   write ('--> ');
   (* initialisiere *)
   FOR index := 'A' TO 'Z' DO anzahl [index] := 0;
   gesamt := 0;
   read (index);
   WHILE index IN ['A'..'Z'] DO
      BEGIN
         anzahl [index] := anzahl [index] + 1;
         gesamt := gesamt + 1;
         read (index)
      END (* WHILE *);
   index := 'A';
   haelfte := 0;
   WHILE haelfte <= gesamt DIV 2 DO
      BEGIN
         haelfte := haelfte + anzahl [index];
         index := succ (index)
      END (* WHILE *);
   writeln;
   writeln ('Der Median ist ', pred (index), '.')
END (* median *).
```

<u>Bemerkungen</u>

Ändern Sie das Programm so ab, daß es

(a) den Median aller über die Tastatur eingebbaren Zeichen ermittelt. Wo kann es
     Schwierigkeiten geben?

(b) den Fall einer geraden Anzahl von Buchstaben berücksichtigt.

45. Rechnen mit großen Zahlen (Algebra)

Alle Rechner haben systemabhängig eine größte darstellbare ganze Zahl, in Pascal verfügbar unter dem Namen *maxint*. Bei Kleinrechnern ist *maxint* für manche Anwendungen nicht groß genug. In solchen Fällen kann es sinnvoll sein, eine selbst programmierte Arithmetik für große Ganzzahlen zu verwenden.

Es soll ein Programm erstellt werden, das es erlaubt, zwei jeweils maximal 100 Ziffern lange positive ganze Zahlen einzulesen und zu addieren.

Lösungsweg (Array, Prozedur)

Wir benutzen für die Abspeicherung einer Zahl ein Feld von 100 Elementen, in das wir die einzelnen Ziffern schreiben. Nach dem Einlesen der Zeichen sorgen wir dafür, daß die Folge der Ziffern rechtsbündig im Feld steht. Dies nutzen wir bei der ziffernweisen Addition (mit Übertrag) aus. Wenn die Summe der beiden Zahlen nicht mit 100 Ziffern darstellbar ist, wird die vorderste Ziffer einfach unterschlagen.

```
PROGRAM langzahlen (input, output);
CONST
    laenge = 100; (* maximale Zahlenlaenge *)
TYPE
    langezahl = ARRAY [1..laenge] OF 0..9;
VAR
    zahl1, zahl2, summe : langezahl;
    i : integer;
PROCEDURE einlesen (VAR zahl : langezahl);
(* liest eine Zahl zeichenweise in zahl ein *)
    VAR
        i, j : integer;
        zeichen : char;
    BEGIN
        i := 0;
        read (zeichen);
        WHILE (zeichen IN ['0'..'9']) AND (i < laenge) DO
            BEGIN
                i := i + 1;
                zahl [i] := ord (zeichen) - ord ('0');
                read (zeichen)
            END (* WHILE *);
        FOR j := i DOWNTO 1 DO zahl [laenge - i + j] := zahl [j];
        FOR j := laenge - i DOWNTO 1 DO zahl [j] := 0
    END (* einlesen *);
```

```pascal
PROCEDURE addiere (zahl1, zahl2 : langezahl; VAR summe : langezahl);
(* addiert zahl1 zu zahl2 und liefert das Ergebnis in summe *)
   VAR
      uebertrag, i : integer;
   BEGIN
      FOR i := 1 TO laenge DO summe [i] := 0;
      uebertrag := 0;
      FOR i := laenge DOWNTO 1 DO
         BEGIN
            summe [i] := (zahl1 [i] + zahl2 [i] + uebertrag) MOD 10;
            uebertrag := (zahl1 [i] + zahl2 [i] + uebertrag) DIV 10
         END (* FOR *)
   END (* addiere *);
BEGIN (* langzahlen *)
   writeln ('Geben Sie bitte zwei maximal ', laenge,
         ' Zeichen lange positive ganze Zahlen an.');

   write ('Erste Zahl --> ');
   einlesen (zahl1);
   writeln;
   write ('Zweite Zahl --> ');
   einlesen (zahl2);
   writeln;
   addiere (zahl1, zahl2, summe);
   write ('Die Summe der Zahlen ist ');
   FOR i := 1 TO laenge DO write (summe [i]);
   write ('.')
END (* langzahlen *).
```

<u>Bemerkungen</u>

Das Programm läßt sich leicht so ergänzen, daß es

(a) einen Überlauf der Summe meldet.

(b) führende Nullen nicht ausgibt.

(c) auch die Subtraktion ausführt.

(d) auch die Multiplikation ausführt (als mehrfache Addition).

(e) auch die ganzzahlige Division ausführt.

46. Familienprobleme (Alltagsprobleme)

In der Familie Recursi, in der nach alter Väter Sitte nur Männer etwas gelten, bekommt jedes männliche Familienmitglied im Laufe seines Lebens zwei Söhne, und zwar stets den ersten Sohn im Alter von 20 und den zweiten im Alter von 23 Jahren. Die Anzahl der männlichen Familienmitglieder soll berechnet werden, wenn das Alter des Stammvaters Adamo Recursi gegeben ist.

Lösungsweg (Rekursion)

Jedes Familienmitglied muß mindestens 0 Jahre alt sein. Die Anzahl der Mitglieder ab Stammvater mit Alter n ist dann die Summe der Mitglieder ab dessen erstem Sohn mit Alter n − 20, der Mitglieder ab dessen zweitem Sohn mit Alter n − 23, und des Stammvaters selbst:

$$f(n) = \begin{cases} f(n-20) + f(n-23) + 1 & \text{für } n \geq 0 \\ \\ 0 & \text{sonst} \end{cases}$$

```
PROGRAM recursi (input, output);
VAR
   n : integer;
FUNCTION mitglieder (n : integer) : integer;
(* ermittelt die Anzahl mitglieder bis Hoechstalter n *)
   BEGIN
      IF n < 0
         THEN mitglieder := 0
         ELSE mitglieder := mitglieder (n - 20) + mitglieder (n - 23) + 1
   END (* mitglieder *);
BEGIN (* recursi *)
   writeln ('Familie Recursi, bitte melden!');
   write ('Wie alt ist Stammvater Adamo --> ');
   readln (n);
   writeln ('Dann hat die Familie ', mitglieder (n), ' Mitglieder.');
   write ('Ganz schoen viel, oder? Tschuess...')
END (* recursi *).
```

Bemerkungen

Ändern Sie Ihre Lösung so, daß außerdem das Alter des jüngsten Familienmitglieds ermittelt wird.

47. Binäres Raten (DV-Algorithmen, Spiel)

Sie denken sich eine ganze Zahl, die Ihr Computer durch möglichst wenige Rückfragen an Sie finden soll. Sie teilen Ihrem Computer von vornherein einen gedachten Bereich mit, in dem sich Ihre Zahl befindet. Je kleiner dieser Bereich ist, desto schneller soll der Computer die Zahl finden. Die Rückfragen des Computers sind beschränkt: er darf Ihnen lediglich eine Zahl präsentieren und Sie fragen, ob diese kleiner oder größer ist als die gedachte Zahl (oder sie genau trifft). Programmieren Sie ihn so, daß er die Folge der Zahlen, die er Ihnen vorlegt, möglichst clever auswählt.

Lösungsweg (Schleife)

Die im allgemeinen beste Strategie ist diejenige, mit der die Größe des verbleibenden Bereichs nach jeder Rückfrage garantiert mindestens halbiert wird (binäre Suche); besteht der Bereich nur noch aus einer Zahl, so ist die Lösung gefunden. Dieser Strategie folgt der Computer, wenn er die im verbleibenden Bereich in der Mitte liegende Zahl für die Rückfrage wählt, und je nach der Antwort mit der oberen oder unteren Hälfte des Suchbereichs fortfährt.

```pascal
PROGRAM binaeresraten (input, output);
VAR
    von, bis, mitte, schritte : integer;
    rel : char;
BEGIN (* Eingabe und Vorbereitung fuer's Rechnen *)
    writeln ('Denke Dir eine ganze Zahl in einem gedachten Bereich aus.');
    writeln ('Ich, der Computer, errate sie (wenn sie darstellbar ist).');
    write ('In welchem Bereich liegt die Zahl (von bis) --> ');
    readln (von, bis);
    schritte := 0;
    (* binaere Suche nach der Zahl im Bereich von bis *)
    REPEAT
        schritte := schritte + 1;
        mitte := (von + bis) DIV 2;
        write ('Ist die Zahl kleiner, groesser oder gleich ', mitte, ' (</>/=) --> ');
        read (rel);
        writeln;
        IF rel = '<' THEN bis := mitte - 1
        ELSE IF rel = '>' THEN von := mitte + 1
    UNTIL rel = '=';
    (* Ausgabe der benoetigten Schrittzahl *)
    write ('Hurra, ich hab''s mit ', schritte, ' Versuchen geschafft...')
END (* binaeresraten *).
```

48. Exponentielles Raten (DV-Algorithmen, Spiel)

Erweitern Sie Ihre Lösung zum Problem "Binäres Raten" so, daß der Rechner bei seinen Rückfragen zunächst ohne Kenntnis eines Bereichs auskommt. Nehmen Sie an, daß die zu ratende Zahl eine positive ganze Zahl ist. Verwenden Sie das Wissen um die rechnerabhängige Begrenzung der darstellbaren Zahlen für die Lösung nicht.

Lösungsweg (Schleife)

Zunächst wird ein Suchbereich, der sich als Anfangsbereich für das binäre Suchen eignet, nach folgender Strategie (exponentielle Suche) ermittelt: Beginnend mit der Zahl 1 verdoppelt der Computer immer wieder die vorzulegende Zahl und fragt zurück solange, bis die gesuchte Zahl erstmals kleiner ist als die vorgelegte Zahl. Aus den beiden zuletzt vorgelegten Zahlen ergibt sich der Anfangsbereich für die binäre Suche.

```
PROGRAM exponentiellesraten (input, output);
VAR
    von, bis, mitte, tip, schritte : integer;
    rel : char;
BEGIN
    writeln ('Denke Dir eine beliebige ganze Zahl aus.');
    writeln ('Ich, der Computer, errate sie (wenn ich sie darstellen kann).');
    schritte := 0;
    tip := 1;
    (* ermittle durch exponentielle Suche Bereich fuer binaere Suche *)
    REPEAT
        schritte := schritte + 1;
        tip := 2 * tip;
        write ('Ist die Zahl kleiner, groesser oder gleich ', tip, ' (</>/=) --> ');
        read (rel);
        writeln
    UNTIL NOT (rel = '>');
    IF rel = '<'
        THEN
            BEGIN
                von := tip DIV 2 + 1;
                bis := tip - 1;
                (* Hier: binaere Suche aus Problem "Binaeres Raten" *)
            END (* THEN *);
    write ('Hurra, ich hab''s mit ', schritte, ' Versuchen geschafft...')
END (* exponentiellesraten *).
```

49. Symmetrische Matrix (Algebra)

Eine gegebene quadratische Matrix soll auf Symmetrie geprüft werden. (Eine quadratische Matrix heißt symmetrisch, wenn $a_{ij} = a_{ji}$ für alle i,j gilt.) Es soll nun zunächst die tatsächliche Größe n der Matrix eingelesen werden (n$\leq$20), gefolgt von n^2 ganzen Zahlen, die als zeilenweise aufgeschriebene Elemente der n x n Matrix zu verstehen sind.

Lösungsweg (Schleife, Array)

Es werden zunächst alle Werte eingelesen. Danach wird für jedes Element des Feldes überprüft, ob sein Wert gleich dem Wert des Elementes an der symmetrischen Position ist.

```pascal
PROGRAM symmetrie (input, output);
CONST
   n = 20;
VAR
   matrix : ARRAY [1..n, 1..n] OF integer;
   i, j, groesse : integer;
   sym : boolean;
BEGIN
   sym := true;
   REPEAT
      write ('Geben Sie bitte die Groesse der Matrix (zwischen 1 und ', n, ') an --> ');
      readln (groesse)
   UNTIL (groesse >= 1) AND (groesse <= n);
   write ('Nun ', groesse * groesse, ' Werte --> ');
   FOR i := 1 TO groesse DO
      FOR j := 1 TO groesse DO read (matrix [i, j]);
   FOR i := 2 TO groesse DO
      FOR j := 1 TO (i - 1) DO
         IF matrix [i, j] <> matrix [j, i] THEN sym := false;
   writeln;
   IF sym
      THEN write ('Die Matrix ist symmetrisch.')
      ELSE write ('Die Matrix ist nicht symmetrisch.')
END (* symmetrie *).
```

Bemerkungen

Ändern Sie das Programm so, daß es feststellt, ob die Matrix eine obere Dreiecksmatrix ist (d.h. alle Elemente unterhalb der Hauptdiagonalen haben den Wert 0).

50. Buchstabenpaare (Textverarbeitung)

In einem beliebig langen Text soll die Häufigkeit des Auftretens aller Paare von Großbuchstaben bestimmt werden. Der Text soll aus wenigstens einem Zeichen bestehen. Die aufgetretenen Paare von Großbuchstaben sollen nach dem Einlesen des Textes von der Rechnertastatur zusammen mit den jeweiligen Häufigkeiten ausgegeben werden.

Lösungsweg (Schleife, Array)

Wir verwenden ein zweidimensionales Feld, dessen Spalten und Zeilen mit den Großbuchstaben indiziert sind. Jedes Element des Feldes soll die Häufigkeit enthalten, mit der das durch Zeilen- und Spaltenindex angegebene Paar von Großbuchstaben aufgetreten ist. Die zu den Feldelementen mit positivem Wert gehörenden Paare von Großbuchstaben werden abschließend ausgegeben.

```pascal
PROGRAM buchstabenpaare (input, output);
VAR
   feld : ARRAY ['A'..'Z', 'A'..'Z'] OF integer;
   zch1, zch2 : char;
BEGIN (* initialisiere *)
   FOR zch1 := 'A' TO 'Z' DO
      FOR zch2 := 'A' TO 'Z' DO feld [zch1, zch2] := 0;
   writeln ('Geben Sie nun einen Text ein --> ');
   read (zch1);
   WHILE NOT eof DO
      BEGIN
         read (zch2);
         IF (zch1 IN ['A'..'Z']) AND (zch2 IN ['A'..'Z'])
            THEN feld [zch1, zch2] := feld [zch1, zch2] + 1;
         zch1 := zch2
      END (* WHILE *);
   writeln;
   writeln ('Die folgenden Buchstabenpaare sind aufgetreten:');
   FOR zch1 := 'A' TO 'Z' DO
      FOR zch2 := 'A' TO 'Z' DO
         IF feld [zch1, zch2] > 0
            THEN writeln (zch1, zch2, feld [zch1, zch2] : 5, 'mal');
   write ('Das war''s. Tschuess...')
END (* buchstabenpaare *).
```

Bemerkungen

Das Programm ist ein Beispiel dafür, wie man Felder suggestiver auch anders als mit ganzzahligen Indizes indizieren kann.

Wie wäre das Programm zu ändern, damit es

(a) Quadrupel von Buchstaben betrachtet. (Auf welche Schwierigkeit stößt man bei einer der oben angegebenen ähnlichen Realisierung?)

(b) auch Kleinbuchstaben berücksichtigt. Sind die Chancen einer Realisierung hierfür besser als in Punkt (a)?

51. Matrizenmultiplikation (Algebra)

Wir möchten zwei Matrizen ganzer Zahlen miteinander multiplizieren. Zu diesem Zweck sollen die Matrizen zunächst zeilenweise eingelesen werden. Der Einfachheit halber wollen wir davon ausgehen, daß es sich zum einen um eine 4 x 5 und zum anderen um eine 5 x 7 Matrix handelt. Nach der Berechnung sollen die beiden eingegebenen Matrizen und die resultierende 4 x 7 Matrix ausgegeben werden.

Lösungsweg (Schleife, Array)

Die Werte für die beiden Matrizen werden angefordert und eingelesen. Die Berechnung der neuen Matrix erfolgt nach dem üblichen Schema. Die Ausgabe wird so aufbereitet, daß die resultierende Matrix hinter der ersten und unter der zweiten Matrix steht.

```
PROGRAM matrixmultiplikation (input, output);
CONST
    m = 4;
    n = 5;
    p = 7;
VAR
    matrix1 : ARRAY [1..m, 1..n] OF integer;
    matrix2 : ARRAY [1..n, 1..p] OF integer;
    matrix3 : ARRAY [1..m, 1..p] OF integer;
    i, j, k : integer;
BEGIN
    (* Matrizen einlesen *)
    writeln ('Geben Sie bitte ', m * n, ' Werte fuer die erste Matrix');
    write ('zeilenweise ein --> ');
    FOR i := 1 TO m DO
        FOR j := 1 TO n DO read (matrix1 [i, j]);
    writeln;
    writeln ('Geben Sie nun ', n * p, ' Werte fuer die zweite Matrix');
    write ('zeilenweise ein --> ');
    FOR i := 1 TO n DO
        FOR j := 1 TO p DO read (matrix2 [i, j]);
    writeln;
    (* initialisiere Resultatsmatrix *)
    FOR i := 1 TO m DO
        FOR j := 1 TO p DO matrix3 [i, j] := 0;
```

```
(* berechne Resultatsmatrix *)
FOR i := 1 TO m DO
    FOR j := 1 TO p DO
        FOR k := 1 TO n DO
            matrix3 [i, j] := matrix3 [i, j] + matrix1 [i, k] * matrix2 [k, j];
(* formatierte Ausgabe *)
FOR i := 1 TO n DO
    BEGIN
        write (' ' : n * 5, ' ' : 5);
        FOR j := 1 TO p DO write (matrix2 [i, j] : 5);
        writeln
    END (* FOR *);
writeln;
FOR i := 1 TO m DO
    BEGIN
        FOR j := 1 TO n DO write (matrix1 [i, j] : 5);
        write (' ' : 5);
        FOR j := 1 TO p DO write (matrix3 [i, j] : 5);
        writeln
    END (* FOR *)
END (* matrixmultiplikation *).
```

Bemerkungen

Versuchen Sie, dieses Programm mit dem Programm aus Problem "Symmetrische Matrix" und dessen Erweiterung "Obere Dreiecksmatrix" so zu kombinieren, daß sich zu zwei Matrizen feststellen läßt, ob die erste die Inverse der zweiten ist (d.h. die resultierende Matrix ist die Einheitsmatrix).

Ist es möglich, für algorithmisch gleichartige Programmteile (wie etwa das Einlesen der Matrizen) eine Prozedur zu definieren, die mehrmals verwendet werden kann?

52. Mehrfache Zahlen (DV-Algorithmen)

Gegeben sei eine ganze Zahl n zwischen 1 und 25, gefolgt von n weiteren ganzen Zahlen. Es ist festzustellen, ob es in der Folge dieser n + 1 Zahlen eine Zahl gibt, die mehrmals auftritt.

Lösungsweg (Schleife)

Im Anfangsstück eines Feldes der Größe 26 werden nacheinander die n + 1 eingelesenen Zahlen abgespeichert. Danach wird durch paarweises Vergleichen aller Werte miteinander festgestellt, ob Werte mehr als einmal auftreten. Es muß berücksichtigt werden, daß auch die Zahl n selbst zur Folge gehört.

```pascal
PROGRAM mehrfach (input, output);
VAR
   zahlen : ARRAY [0..25] OF integer;
   i, j : integer;
   mehrmals : boolean;
BEGIN
   REPEAT
      write ('Geben Sie bitte eine Zahl zwischen 1 und 25 ein --> ');
      readln (zahlen [0])
   UNTIL (zahlen [0] >= 1) AND (zahlen [0] <= 25);
   writeln ('Geben Sie nun ', zahlen [0], ' Zahlen ein.');
   write ('--> ');
   FOR i := 1 TO zahlen [0] DO read (zahlen [i]);
   writeln;
   mehrmals := false;
   FOR i := 0 TO zahlen [0] DO
      FOR j := i + 1 TO zahlen [0] DO
         IF zahlen [i] = zahlen [j] THEN mehrmals := true;
   IF mehrmals
      THEN write ('Es gibt gleiche Zahlen.')
      ELSE write ('Es gibt keine gleichen Zahlen.')
END (* mehrfach *).
```

Bemerkungen

Das angegebene Verfahren benötigt $n \cdot (n+1)/2$ Vergleiche zwischen Zahlen. Für größere Werte von n kann man die Anzahl der Vergleiche dadurch reduzieren, daß man die Zahlenfolge zunächst sortiert und anschließend einmal nach Duplikaten durchsieht.

Ändern Sie das Programm so, daß es

(a) feststellt, welche Zahlen mehrmals auftreten.

(b) feststellt, wie oft die verschiedenen Zahlen auftreten.

53. Zauberformel (Algebra)

Ein aus Buchstaben bestehendes Quadrat heiße Zauberformel, wenn es

- zeilenweise vorwärts
- zeilenweise rückwärts
- spaltenweise vorwärts
- spaltenweise rückwärts

gelesen stets den gleichen Text ergibt.

Beispiel: Die Faust'sche Zauberformel:

```
S A T O R
A R E P O
T E N E T
O P E R A
R O T A S
```

Ein Programm soll zunächst die Anzahl der Zeilen (und damit auch der Spalten) des Quadrats (höchstens 10) lesen, gefolgt vom Inhalt des Quadrats, zeilenweise angegeben. Dann soll es eine Nachricht darüber ausgeben, ob das fragliche Quadrat eine Zauberformel ist.

Lösungsweg (Array)

Zunächst wird der benötigte Teil des zur Speicherung des Quadrats verwendeten Feldes mit den eingelesenen Buchstaben belegt. Dann werden alle Buchstaben des Quadrats in zeilenweise vorwärts gehender Reihenfolge daraufhin untersucht, ob sie mit den entsprechenden Buchstaben aller drei anderen Leserichtungen übereinstimmen. Schließlich wird eine Meldung darüber ausgegeben, ob alle verglichenen Buchstaben übereingestimmt haben, d.h. eine Zauberformel vorliegt.

Bemerkungen

Die Prüfung einer Matrix auf Symmetrie an der Hauptdiagonalen aus Problem "Symmetrische Matrix" läßt sich dazu verwenden, die Gleichheit des Lesens zeilen- und spaltenweise vorwärts (bzw. rückwärts) zu prüfen. Die Symmetrie an der Neben-diagonalen der Matrix erlaubt die Prüfung der Gleichheit von zeilenweise vorwärts mit spaltenweise rückwärts laufendem Lesen. Beide zusammen genügen für die Diagnose der Zauberformel-Eigenschaft.

```pascal
PROGRAM zauberformel (input, output);
CONST
   max = 10;
TYPE
   quadrat = ARRAY [1..max, 1..max] OF char;
VAR
   q : quadrat;
   i, j, n : integer;
   zauber : boolean;
BEGIN
   (* Eingabe der Groesse des Quadrats *)
   REPEAT
      write ('Anzahl der Zeilen des Quadrats (zwischen 1 und ', max, ') --> ');
      readln (n)
   UNTIL (1 <= n) AND (n <= max);
   (* Eingabe des Inhalts des Quadrats *)
   FOR i := 1 TO n DO
      BEGIN
         write ('Zeile ', i, ' --> ');
         FOR j := 1 TO n DO read (q [i, j]);
         writeln
      END (* FOR *);
   (* Test auf Zauberei *)
   zauber := true;
   FOR i := 1 TO n DO
      FOR j := 1 TO n DO
         IF (q [i, j] <> q [j, i]) OR (q [i, j] <> q [n + 1 - i, n + 1 - j])
            OR (q [i, j] <> q [n + 1 - j, n + 1 - i])
            THEN zauber := false;
   (* Diagnose ausgeben *)
   IF zauber
      THEN write ('Abrakadabra! Das war ''ne echte Zauberformel...')
      ELSE write ('Nicht verzagen, Faustus fragen...')
END (* zauberformel *).
```

104

54. Lineares Gleichungssystem (Algebra)

Zu einem linearen Gleichungssystem der Dreiecksgestalt

$$a_{11}x_1 + a_{12}x_2 + a_{13}x_3 + \ldots + a_{1n}x_n = b_1$$
$$a_{22}x_2 + a_{23}x_3 + \ldots + a_{2n}x_n = b_2$$
$$\cdot$$
$$\cdot$$
$$a_{ii}x_i + \ldots + a_{in}x_n = b_i$$
$$\cdot$$
$$\cdot$$
$$a_{nn}x_n = b_n$$

soll für reelle Koeffizienten a_{ij} und b_i die Lösung x_i ($i=1,...,n$ und $j=i,...,n$) berechnet werden.

Schreiben Sie ein Programm, das zunächst die Anzahl n der Variablen als Eingabe anfordert und einliest; n ist zulässig, wenn $1 \leqq n \leqq 10$ gilt. Bei zulässigem n sollen für alle Zeilen i die Koeffizienten a_{ij} (für die entsprechenden j) und b_i als Eingabe angefordert und gelesen werden. Dann sollen die Werte x_i für alle i ermittelt und kommentiert ausgegeben werden. Es darf angenommen werden, daß für alle Koeffizienten real-Zahlen eingegeben werden, und daß alle Koeffizienten a_{ii} ($i=1,...,n$) von Null verschieden sind.

Beispiel

Wert fuer n --> 2
Koeffizienten a11, a12, b1 --> 5 7 11
Koeffizienten a22, b2 --> 9.5 4.75
Das Gleichungssystem hat die Loesung:
x1 = 1.50000
x2 = 5.00000E-1
Tschuess, das war's...

Lösungsweg (Schleife, Array)

Man berechnet zunächst gemäß Zeile n des obigen Schemas $x_n = b_n/a_{nn}$, dann mit Hilfe von x_n gemäß Zeile n-1 $x_{n-1} = (b_{n-1} - a_{n-1,n}x_n) / a_{n-1,n-1}$, usw. bis zur ersten Zeile.

```pascal
PROGRAM lgs (input, output);
CONST
   m = 10;
TYPE
   vektor = ARRAY [1..m] OF real;
   matrix = ARRAY [1..m] OF vektor;
VAR
   n, i, j : integer;
   zaehler : real;
   a : matrix;
   b, x : vektor;
BEGIN
   write ('Wert fuer n --> ');
   readln (n);
   IF (n < 1) OR (n > m)
      THEN write ('Fehler: ungueltiger Wert fuer n.')
      ELSE
         BEGIN (* Eingabe der Daten, keine Fehlerpruefung. *)
            FOR i := 1 TO n DO
               BEGIN (* lies Daten zu einer Zeile *)
                  write ('Koeffizienten ');
                  FOR j := i TO n DO write ('a', i, j, ', ');
                  write ('b', i, ' --> ');
                  FOR j := i TO n DO read (a [i, j]);
                  readln (b [i])
               END (* FOR *);
            FOR i := n DOWNTO 1 DO
               BEGIN (* berechne Ergebnis x i *)
                  zaehler := b [i];
                  FOR j := i + 1 TO n DO zaehler := zaehler - a [i, j] * x [j];
                  x [i] := zaehler / a [i, i]
               END (* FOR *);
            (* Ausgabe des Ergebnisses *)
            writeln ('Das Gleichungssystem hat die Loesung:');
            FOR i := 1 TO n DO writeln ('x', i, ' = ', x [i])
         END (* ELSE *);
   writeln ('Tschuess, das war''s...')
END (* lgs *).
```

55. Quadratwurzel (Algebra)

Zu einer gegebenen, positiven ganzen Zahl z soll die Quadratwurzel näherungsweise bestimmt werden. Es soll die größte ganze Zahl q bestimmt werden, so daß $q^2 \leqq z$ ist, und es ist auch der Rest $r = z - q^2$ anzugeben.

Lösungsweg (Schleife)

Wir zerlegen die gegebene Zahl z von rechts her in Ziffernpaare, wobei gegebenenfalls eine führende Null zu ergänzen ist. Aus dem jeweils zuletzt verbliebenen Rest (der anfangs Null ist) und dem jeweils nächsten Ziffernpaar von links wird eine Zahl gebildet, von der das um 1, 3, 5, ... erhöhte 20-fache des bisherigen Teilresultats (das anfangs Null ist) abgezogen wird, und zwar solange, wie dabei noch ein nichtnegativer Rest verbleibt. Die Anzahl der Subtraktionen ergibt die nächste Ziffer des Teilresultats.

(Hierbei wird implizit davon Gebrauch gemacht, daß die Summe der ersten n ungeraden Zahlen stets genau n^2 ergibt.)

Beispiel: Wurzel aus 1000:

```
  10'00  = 31 Rest 39
   -1    ←┘|
    9     20·0+1
   -3    ←┘|
    6     20·0+3
   -5    ←┘|
  100     20·0+5
  -61    ←┘
   39     20·3+1
```

Bemerkungen

Das Programm kann leicht so erweitert werden, daß die Quadratwurzel einer reellen Zahl (in Dezimalpunkt-Notation gegeben) wieder als reelle Zahl mit vorgegebener Genauigkeit ermittelt wird. Nach Abarbeiten der Ziffernpaare vor dem Dezimalpunkt (oder Komma) fügt man im Ergebnis den Dezimalpunkt ein und fährt der Reihe nach für jedes Ziffernpaar nach dem Dezimalpunkt so wie bisher fort, Resultatziffern zu ermitteln.

```pascal
PROGRAM quadratwurzel (input, output);
CONST
   maxpaare = 3; (* Anzahl der Ziffernpaare in maxint *)
VAR
   z, q, r, ziffernpaarzahl, ungeradezahl, i, zif : integer;
   a : ARRAY [1..maxpaare] OF 0..99;
(* Hier: Funktion laenge einer ganzen Zahl aus Problem "Zahlenlaenge" *)
BEGIN (* quadratwurzel *)
   REPEAT
      write ('Geben Sie bitte eine positive ganze Zahl <= ', maxint, ' ein --> ');
      readln (z)
   UNTIL z > 0;
   write ('Die Quadratwurzel von ', z, ' ist: ');
   ziffernpaarzahl := (laenge (z) DIV 2) + (laenge (z) MOD 2);
   (* zerlege z in Ziffernpaare *)
   FOR i := 1 TO ziffernpaarzahl DO
      BEGIN
         a [i] := z MOD 100;
         z := z DIV 100
      END (* FOR *);
   q := 0;
   r := 0;
   FOR i := ziffernpaarzahl DOWNTO 1 DO
      BEGIN (* berechne naechste Quadratwurzelziffer *)
         zif := 0;
         r := r * 100 + a [i];
         ungeradezahl := q * 20 + 1;
         WHILE r >= ungeradezahl DO
            BEGIN
               zif := zif + 1;
               r := r - ungeradezahl;
               ungeradezahl := ungeradezahl + 2
            END (* WHILE *);
         q := q * 10 + zif
      END (* FOR *);
   write (q, ' Rest ', r)
END (* quadratwurzel *).
```

56. Polynomprodukt (Algebra)

Zwei Polynome mit reellen Koeffizienten und maximalem Grad 20 sollen eingegeben werden. Es ist das Produkt der beiden Polynome zu berechnen und in Normalform, d.h. sortiert nach absteigenden Exponenten, auszugeben. Die Eingabe erfolgt so, daß zunächst der Grad des Polynoms eingegeben wird und dann die Koeffizienten gemäß der Normalform.

Lösungsweg (Schleife, Prozedur)

Jedes Glied des einen Polynoms muß mit jedem Glied des anderen Polynoms multipliziert werden. Der k-te Koeffizient des Produktpolynoms ergibt sich durch Addition aller Produkte aus je einem i-ten Koeffizienten des ersten Polynoms und einem j-ten Koeffizienten des zweiten Polynoms mit k = i + j.

```
PROGRAM polynomprodukt (input, output);
CONST
   maxgrad = 20;
   maxprodgrad = 40; (* maxgrad * 2 *)
TYPE
   index = 0..maxgrad;
   prindex = 0..maxprodgrad;
   polytyp = ARRAY [index] OF real;
   prpolytyp = ARRAY [prindex] OF real;
VAR
   poly1, poly2 : polytyp;
   prodpoly : prpolytyp;
   grad1, grad2 : index;
   prodgrad, i, j : prindex;
PROCEDURE polyeingabe (VAR poly : polytyp; VAR grad : index);
(* liest den Grad und die Koeffizienten des Polynoms ein *)
   VAR
      exponent : index;
   BEGIN
      write ('Polynomgrad --> ');
      readln (grad);
      FOR exponent := grad DOWNTO 0 DO
         BEGIN
            write ('Koeffizient von X ** ', exponent, ' --> ');
            readln (poly [exponent])
         END (* FOR *)
   END (* polyeingabe *);
(* Hier: Prozedur polyausgabe aus Problem "Division von Polynomen" *)
```

```
BEGIN (* polynomprodukt *)
   (* Einlesen beider Polynome *)
   writeln ('Eingabe des ersten Polynoms:');
   polyeingabe (poly1, grad1);
   writeln ('Eingabe des zweiten Polynoms:');
   polyeingabe (poly2, grad2);
   (* Berechnung des Polynomprodukts *)
   prodgrad := grad1 + grad2;
   FOR i := 0 TO prodgrad DO prodpoly [i] := 0;
   FOR i := 0 TO grad1 DO
      FOR j := 0 TO grad2 DO
         prodpoly [i + j] := prodpoly [i + j] + poly1 [i] * poly2 [j];
   (* Ausgabe *)
   writeln ('Das Produkt der Polynome ');
   polyausgabe (poly1, grad1);
   writeln (' und ');
   polyausgabe (poly2, grad2);
   writeln (' ist das Polynom ');
   FOR i := prodgrad DOWNTO 0 DO
      IF prodpoly [i] <> 0 THEN write (' + ', prodpoly [i] : 9 : 3, ' * X ** ', i)
END (* polynomprodukt *).
```

<u>Bemerkungen</u>

Versuchen Sie, die Ausgabe des Programms der üblichen Schreibweise anzupassen.
Insbesondere sollte der Additionsoperator vor negativen Koeffizienten wegfallen.

57. Division von Polynomen (Algebra)

Zwei Polynome $p_1(x)$ und $p_2(x)$ mit reellen Koeffizienten und maximalem Grad 20 seien gegeben. Es ist der Quotient beider Polynome als Polynom in Normalform mit Rest auszugeben. Gesucht sind also Polynome $q(x)$ und $r(x)$ mit Grad von r kleiner als Grad von p_2, so daß

$$p_1(x) = q(x) \cdot p_2(x) + r(x).$$

Lösungsweg (Schleife)

Bei der Division von p_1 durch p_2 wird anfangs der höchste Koeffizient von p_1 durch den höchsten Koeffizienten von p_2 dividiert. Dabei wird vorausgesetzt, daß der Grad von p_1 größer als der von p_2 ist. Das Ergebnis wird mit p_2 multipliziert und das errechnete Produkt wird von p_1 subtrahiert. Der Grad von p_1 vermindert sich so um mindestens eins (um mehr als eins, wenn nachfolgende Koeffizienten gleich null sind).

Die Division wird nun mit dem verminderten p_1 solange wiederholt, bis der Grad von p_1 kleiner als der von p_2 geworden ist. Das verbleibende p_1 bildet den Divisionsrest.

```
PROGRAM polynomdivision (input, output);
(* Hier: Konstante maxgrad und Typen index und polytyp
   wie bei Problem "Polynomprodukt" *)
VAR
   poly1, poly2, quotpoly, restpoly : polytyp;
   grad1, grad2, quotgrad, restgrad, i : index;
(* Hier: Prozedur polyeingabe aus Problem "Polynomprodukt" *)
PROCEDURE polyausgabe (poly : polytyp; grad : index);
(* gibt das Polynom poly in Normalform aus *)
   VAR
      i : index;
   BEGIN
      FOR i := grad DOWNTO 0 DO
         IF poly [i] <> 0 THEN write (' + ', poly [i] : 9 : 3, ' * X ** ', i);
      writeln
   END (* polyausgabe *);
BEGIN (* polynomdivision *)
   (* Hier: Eingabe der beiden Polynome wie bei Problem "Polynomprodukt" *)
   FOR i := 0 TO maxgrad DO quotpoly [i] := 0;
   restpoly := poly1;
   restgrad := grad1;
   WHILE restgrad >= grad2 DO
      BEGIN (* dividiere *)
         quotgrad := restgrad - grad2;
         quotpoly [quotgrad] := restpoly [restgrad] / poly2 [grad2];
         (* Verminderung des Dividenden *)
         FOR i := grad2 DOWNTO 0 DO
            restpoly [quotgrad + i] := restpoly [quotgrad + i] -
               poly2 [i] * quotpoly [quotgrad];
         restgrad := restgrad - 1
         (* Grad des Dividenden ist um 1 vermindert *)
      END (* WHILE *);
   (* Ausgabe *)
   writeln ('Der Quotient der Polynome ');
   polyausgabe (poly1, grad1);
   writeln ('und ');
   polyausgabe (poly2, grad2);
   writeln ('ist das Polynom ');
   polyausgabe (quotpoly, maxgrad)
END (* polynomdivision *).
```

58. Umdrehen (Alltagsprobleme)

Eine Zeichenfolge, die durch einen Punkt abgeschlossen ist, soll in umgekehrter Reihenfolge dargestellt werden. Nehmen Sie der Einfachheit halber an, daß innerhalb der Zeichenfolge kein Punkt auftritt.

Lösungsweg (Rekursion)

Das Umdrehen einer einzulesenden Zeichenfolge kann rekursiv gelöst werden, indem ein Zeichen gelesen wird, der Rest der Zeichenfolge umgedreht wird, und dann das gelesene Zeichen ausgegeben wird. Ist das gelesene Zeichen der Punkt, so ist das Umdrehen beendet.

```pascal
PROGRAM umdrehen (input, output);
CONST
   letzter = '.';
PROCEDURE drehe;
(* liest eine Zeichenfolge ein und gibt sie umgedreht wieder aus *)
   VAR
      ch : char;
   BEGIN
      read (ch);
      IF ch = letzter
         THEN writeln
         ELSE
            BEGIN
               drehe;
               write (ch)
            END (* ELSE *)
   END (* drehe *);
BEGIN (* umdrehen *)
   writeln ('Bitte die umzudrehende Zeichenfolge eingeben --> ');
   drehe;
   writeln (letzter);
   write ('Danke, das war''s. Tschuess...')
END (* umdrehen *).
```

<u>Bemerkungen</u>

Ein Palindrom ist ein Wort, das umgedreht mit sich selbst identisch ist (z.B. Rentner).
Ein Wort der Länge k ist ein Palindrom, wenn der erste Buchstabe gleich dem letzten
ist und die dazwischen liegenden k-2 Buchstaben ein Palindrom bilden. Ein Wort der
Länge 0 oder 1 ist stets ein Palindrom.

(a) Programmieren Sie dieses rekursive Palindrom-Test-Verfahren für ein einzulesen-
    des Wort.

(b) Geben Sie für beide Probleme eine iterative Lösung an. Welche Unterschiede zwi-
    schen der rekursiven und der iterativen Lösung sind bemerkenswert?

59. Kaninchenpaare (Alltagsprobleme)

Wieviele Kaninchenpaare existieren nach einem Jahr, wenn zu Jahresbeginn ein neugeborenes Kaninchenpaar vorhanden ist, Geschlechtsreife nach zwei Monaten eintritt und jedes geschlechtsreife Paar jeden Monat ein neues Paar erzeugt? (Leonardo Pisano, Sohn des Bonaccio aus Pisa, stellte sich diese Aufgabe im Jahr 1202. Die Zahlenfolge, die sich für aufeinanderfolgende Monate ergibt, heißt nach ihm Folge der Fibonacci-Zahlen.)

Ein Programm soll für einen beliebigen Monat die Anzahl der Kaninchenpaare in diesem Monat berechnen. Unsterblichkeit der Kaninchen im betrachteten Zeitraum wird vorausgesetzt.

Lösungsweg (Rekursion)

Sei f(n) die Anzahl der Kaninchenpaare im n-ten Monat. Sie sind entweder Überlebende vom Monat (n-1) oder Neugeborene. Gerade die im Monat (n-2) bereits lebenden Kaninchen sind inzwischen geschlechtsreif, bringen also im Monat n je ein Kaninchenpaar zur Welt:

$$f(n) = f(n-1) + f(n-2)$$

Anfangs gilt:

$$f(1) = f(2) = 1.$$

```
PROGRAM kaninchenpaare (input, output);
VAR
   n : integer;
FUNCTION fibonacci (n : integer) : integer;
(* liefert die n-te Fibonaccizahl *)
   BEGIN
     IF n <= 2
        THEN fibonacci := 1
        ELSE fibonacci := fibonacci (n - 1) + fibonacci (n - 2)
   END (* fibonacci *);
BEGIN (* kaninchenpaare *)
   REPEAT
     write ('Kaninchenpaare. Gefragter Monat --> ');
     readln (n)
   UNTIL n > 0;
   write ('Im ', n, '. Monat gibt es ', fibonacci (n), ' Kaninchenpaare...')
END (* kaninchenpaare *).
```

Bemerkungen

Man modifiziere die Lösung so, daß für aufsteigende Monate i aus f(i-2) und f(i-1) der
Wert f(i) berechnet wird, wobei man sich jeweils nur die beiden letzten Werte für f
merkt. Was sind die wesentlichen Unterschiede beider Lösungen?

60. Planmäßig (Alltagsprobleme)

Aus dem Straßenbahnfahrplan ergibt sich, daß die Haltestelle Waldfriedhof morgens zum Zeitpunkt A das erste Mal und abends zum Zeitpunkt B das letzte Mal angefahren wird. Wird der Waldfriedhof n Minuten nach A angefahren, dann hält dort auch $n + 10$ Minuten nach A und $2n + 3$ Minuten nach A eine Straßenbahn.

Es soll festgestellt werden, ob zu einem gegebenen Zeitpunkt C am Waldfriedhof eine Straßenbahn hält. Nehmen Sie an, daß A und B volle Stunden sind; die Zeitpunkte A, B und C sollen als Eingabe angefordert werden.

Lösungsweg (Rekursion)

Eine rekursiv definierte Funktion berechnet, ob bei Betrachtung ab einem bekannten Haltezeitpunkt zu einem gefragten Zeitpunkt eine Straßenbahn hält. Beide Zeitpunkte sind ganze Zahlen und bezeichnen die seit dem Anfangszeitpunkt verstrichenen Minuten.

Diese Funktion wird für den fraglichen Zeitpunkt aufgerufen, sofern die eingegebenen Werte sinnvoll waren und der fragliche Zeitpunkt zwischen A und B liegt. Der zunächst einzige bekannte Haltezeitpunkt ist A selbst, also 0 Minuten nach A.

```
PROGRAM haltestelle (input, output);
VAR
    a, b, stunde, minute, intervall, n : integer;
FUNCTION haelt (haltezeitpunkt : integer; VAR gefragterzeitpunkt : integer) : boolean;
(* liefert true, falls bei bekanntem haltezeitpunkt um gefragterzeitpunkt
   eine Bahn haelt *)
   BEGIN
       IF haltezeitpunkt < gefragterzeitpunkt
          THEN
              haelt := haelt (haltezeitpunkt + 10, gefragterzeitpunkt) OR
                  haelt (2 * haltezeitpunkt + 3, gefragterzeitpunkt)
          ELSE
              IF haltezeitpunkt = gefragterzeitpunkt
                 THEN haelt := true
                 ELSE haelt := false
   END (* haelt *);
BEGIN (* haltestelle *)
   REPEAT
       write ('Bitte erste und letzte Fahrt angeben (volle Stunde 0..24) --> ');
       readln (a, b);
       write ('Wann wollen Sie zusteigen (Stunde 0..24 Minute 0..59) --> ');
       readln (stunde, minute)
   UNTIL ([stunde, a, b] <= [0..24]) AND (minute IN [0..59]) AND
       ((stunde < 24) OR (minute = 0));
   intervall := (b - a) * 60;
   n := (stunde - a) * 60 + minute;
   IF intervall < 0 THEN write ('Erste nach letzter Fahrt ist Unsinn...')
   ELSE IF n < 0 THEN write ('Vor erster Fahrt fahren hoechstens Taxis...')
   ELSE IF intervall < n THEN write ('Nach letzter Fahrt ist es zu spaet...')
   ELSE IF haelt (0, n) THEN write ('Glueck gehabt: steigen Sie ein...')
   ELSE write ('Pech gehabt: gehen Sie zu Fuss oder warten Sie...');
END (* haltestelle *).
```

Bemerkungen

Erweitern Sie Ihre Lösung so, daß zusätzlich angegeben wird, wann die   vorletzte
Straßenbahn am Waldfriedhof hält (die letzte hält natürlich zur Stunde B).

61. Kreisschnitt (Statistik)

Zu zwei durch Koordinaten gegebenen Kreisen soll der Flächeninhalt ihrer Überlappung experimentell bestimmt werden. Man betrachtet eine große Zahl zufällig gewählter Punkte in der Ebene und bestimmt die Anzahl derjenigen Punkte, die in beiden Kreisen liegen. Man bezieht diese auf die Anzahl derjenigen Punkte, die in eine Fläche bekannter Größe gefallen sind. Das Verhältnis der beiden Anzahlen ist (näherungsweise) gerade das Verhältnis der beiden Flächen.

Verwenden Sie zur Lösung des Problems die Funktion *random*, die bei jedem Aufruf zufällig eine ganze Zahl zwischen 0 und *maxint* (je einschließlich) liefert. Der Benutzer Ihres Programms soll die Anzahl der insgesamt zu betrachtenden Punkte angeben können.

Lösungsweg (If, Schleife)

Die Zuverlässigkeit der Antwort des Verfahrens ist höher, wenn mehr Punkte in den Kreisen bzw. der Referenzfläche liegen. Damit es keine Punkte gibt, die vergebens gezogen werden, d.h. weder in die Kreise noch in die Referenzfläche fallen, ist die Wahl der Referenzfläche entscheidend. Beispielsweise könnte man das kleinste die beiden Kreise umschließende Rechteck wählen. Einfacher ist es jedoch, einen der beiden Kreise mit einem Quadrat als Referenzfläche zu umschließen. Wir haben dabei durch entsprechende Skalierung der zufällig bestimmten ganzzahligen Werte dafür gesorgt, daß alle betrachteten Punkte in diesem Quadrat liegen.

Bemerkungen

Stellen Sie die beiden Kreise graphisch auf dem Bildschirm Ihres Rechners dar und tragen Sie die jeweils gewählten Punkte im Bild ein.

```pascal
PROGRAM kreisschnitt (input, output);
USES  applestuff;
VAR
    r1, x1, y1, r2, x2, y2, links, unten, faktor, x, y, flaeche : real;
    i, n, treffer : integer;
BEGIN
    writeln ('Experimentelle Flaechenbestimmung des Schnitts zweier Kreise.');
    writeln ('Radius positiv, Koordinaten des Mittelpunkts beliebig, reell.');
    REPEAT
        write ('Radius Xmitte  Ymitte   fuer ersten Kreis --> ');
        readln (r1, x1, y1)
    UNTIL r1 > 0;
    REPEAT
        write ('Dto. fuer zweiten Kreis --> ');
        readln (r2, x2, y2)
    UNTIL r2 > 0;
    REPEAT
        write ('Anzahl der gewuenschten Punkte --> ');
        readln (n)
    UNTIL n > 0;
    links := x1 - r1;
    unten := y1 - r1;
    faktor := 2 * r1 / maxint;
    treffer := 0;
    writeln ('Bitte warten ...');
    FOR i := 1 TO n DO
        BEGIN (* ziehe Punkt (x,y) und merke Treffer *)
            x := links + faktor * random;
            y := unten + faktor * random;
            IF (x - x1) * (x - x1) + (y - y1) * (y - y1) <= r1 * r1
                THEN
                    IF (x - x2) * (x - x2) + (y - y2) * (y - y2) <= r2 * r2
                        THEN treffer := treffer + 1
        END (* FOR *);
    flaeche := 4 * r1 * r1 * treffer / n;
    write ('Die Flaeche betraegt ', flaeche, ' bei Betrachtung von ', n, ' Punkten.')
END (* kreisschnitt *).
```

6.2 Histogramm (Graphik)

Der Erbeutn-Verlag wünscht ein Histogramm (Balkendiagramm) der verkauften Stückzahlen seines neuen Bestsellers für die vergangenen (höchstens 25) Tage. Wegen der hohen Qualität des Produkts wird angenommen, daß keine Exemplare remittiert werden, also nur positive Umsätze erzielt worden sind. Die Umsätze sollen so skaliert werden, daß die Höhe der Balken in den vorgesehenen Bildbereich paßt.

Lösungsweg (Schleife, Array)

Das Ende der Zahlenfolge soll durch CTRL-C markiert werden. Es liege mindestens ein Umsatz vor. Die Skalierung erfolgt nur mit einem ganzzahligen Faktor, damit für den Fall, daß alle Werte bereits in den Bildbereich passen, diese nicht verändert werden. Bei der Ausgabe werden die Werte gerundet. Der Bildbereich ist der üblicher Bildschirme, wobei eine Kopfzeile für Meldungen freigehalten ist.

Unsere Lösung setzt keine Computergraphik-Fähigkeiten beim verwendeten Rechner voraus. Zur schönen graphischen Ausgabe des Histogramms nach demselben Algorithmus mittels *turtlegraphics* genügt es, diejenigen Zeilen unseres Programms, die am rechten Zeilenrand einen (** Kommentar **) enthalten, durch den Inhalt des Kommentars zu ersetzen.

Bemerkungen

Modifizieren Sie Ihre Lösung so, daß

(a) auch negative Umsätze dargestellt werden können.

(b) stets so skaliert wird, daß der höchste Balken den oberen Bildrand gerade erreicht.

(c) Koordinatenachsen mit Koordinatenangaben gezeichnet werden.

```
PROGRAM histogramm (input, output);
                                        (** USES turtlegraphics; **)
CONST
   bildhoehe = 19;                      (** bildhoehe = 180; **)
   maxn = 25; (* maxn <= bildbreite / breite von 'etwas', 'nichts' (80/3) *)
   etwas = ' I ';                       (** balkenbreite = 10; **)
   nichts = '   ';                      (** **)
TYPE
   zahlen = ARRAY [1..maxn] OF integer;
VAR
   zahl : zahlen;
   i, j, n, max, faktor : integer;
                                        (** x : integer; **)
```

```
BEGIN
   writeln ('Histogramm fuer bis zu ', maxn, ' natuerliche Zahlen.');
   writeln ('Bitte die letzte Zahl mit CTRL-C abschliessen.');
   (* Eingabe *)
   n := 0;
   REPEAT
      n := n + 1;
      REPEAT
         write ('Bitte ', n, '-te Zahl eingeben --> ');
         readln (zahl [n])
      UNTIL zahl [n] > 0
   UNTIL eof OR (n = maxn);
   (* Skalierungsfaktor ermitteln *)
   max := zahl [1];
   FOR i := 2 TO n DO
      IF zahl [i] > max THEN max := zahl [i];
   faktor := (max - 1) DIV bildhoehe + 1;
   (* Ausgabe *)
   page (output);                       (** initturtle; **)
   FOR i := bildhoehe DOWNTO 1 DO
      BEGIN
         FOR j := 1 TO n DO
            IF (i - 0.5) * faktor <= zahl [j]
               THEN write (etwas)        (** THEN BEGIN pencolor (none); **)
                                         (** x := round ((j - 1) * balkenbreite); **)
                                         (** moveto (x, i); **)
                                         (** pencolor (white); **)
                                         (** x := round (j * balkenbreite - 2); **)
                                         (** moveto (x, i) **)
                                         (** END **)
               ELSE write (nichts);      (** **)
            writeln                       (** **)
      END (* FOR *);
   (* Programmende *)
                                         (** pencolor (none); **)
                                         (** moveto (0, bildhoehe + 1); **)
   write ('RETURN zum Beenden des Programms');  (** **)
                                         (** wstring ('RETURN zum Beenden des
                                             Programms'); **)

   readln
END (* histogramm *).
```

63. Bubblesort (DV-Algorithmen)

Eine Folge von Zahlen soll nach dem Verfahren "Sortieren durch Vertauschen" wie folgt aufsteigend sortiert werden:

Man betrachtet der Reihe nach alle Paare benachbarter Folgenelemente und vertauscht diese, falls sie nicht in der richtigen Ordnung stehen. Dieses "Durchlaufen" der Folge wiederholt man solange, bis bei einem Durchlauf keine Vertauschung mehr aufgetreten ist.

Nehmen Sie an, daß höchstens 40 einzugebende natürliche Zahlen sortiert werden sollen. Verwenden Sie die Skalierung und Ausgabe aus der Lösung des Problems "Histogramm", um jeden Schritt des Sortiervorgangs visuell darzustellen.

Lösungsweg (Schleife, Array)

Die Lösung ist gerade die Formulierung des oben angegebenen Sortieralgorithmus in Pascal, verbunden mit dem Einlesen der Zahlen und Ausgeben der Sortierschritte in der bekannten Weise. Die begrenzte Anzahl zu sortierender Zahlen erlaubt die Verwendung eines Feldes und damit den einfachen Zugriff auf beliebige Folgenelemente.

Bemerkungen

Modifizieren Sie Ihre Lösung so, daß

(a) nur bei einer erfolgten Vertauschung ein neues Bild der Situation gezeigt wird.

(b) nur bei einem neuen Durchlaufen der Folge ein neues Bild gezeigt wird.

(c) gezielt nur die vertauschten Elemente neu gezeigt werden, der Rest des Bildes erhalten bleibt (falls Ihr Computer dies erlaubt).

(d) ein anderes Verfahren zum Sortieren benutzt wird.

```
PROGRAM bubblesort (input, output);
(* Hier: Konstanten- und Typdefinitionsteil wie im Programm "Histogramm" *)
VAR
    zahl : zahlen;
    k, i, j, n, merke, max, faktor : integer;
    keintausch : boolean;
BEGIN
    writeln ('Bubblesort visuell fuer bis zu ', maxn, ' natuerliche Zahlen.');
    writeln ('Letzte Zahl mit CTRL-C abschliessen.');
    (* Hier: Eingabe wie im Programm "Histogramm" *)
    writeln;
    (* Hier: Skalierungsfaktor ermitteln wie im Programm "Histogramm" *)
    (* sortieren *)
    REPEAT (* durchlaufe die Folge *)
        keintausch := true;
        FOR k := 1 TO n - 1 DO
            BEGIN
                write ('RETURN fuer naechsten Schritt');
                readln;
                (* Hier: Ausgabe wie im Programm "Histogramm" *)
                IF zahl [k] > zahl [k + 1]
                    THEN (* vertausche *)
                        BEGIN
                            keintausch := false;
                            merke := zahl [k];
                            zahl [k] := zahl [k + 1];
                            zahl [k + 1] := merke
                        END (* THEN *)
            END (* FOR *)
    UNTIL keintausch;
    (* Hier: Programmende wie im Programm "Histogramm" *)
END (* bubblesort *).
```

64. Hundstage (Statistik)

Die Wahrscheinlichkeit dafür, daß es an irgend einem bestimmten Tag in B-Stadt regnet, sei 1/7. Man möchte nun erfahren, mit wievielen aufeinanderfolgenden regenfreien Tagen in B-Stadt im Durchschnitt zu rechnen ist.

Lösungsweg (Schleife)

Die Wahrscheinlichkeit dafür, daß es in B-Stadt nach genau k Tagen regnet, läßt sich mit $(1/7)(1 - 1/7)^k$ angeben, denn $(1 - 1/7)$ ist ja die Wahrscheinlichkeit, daß es an einem Tag nicht regnet. Um den verlangten Durchschnitt zu bekommen, muß der Erwartungswert für die Anzahl der regenfreien Tage nach der Formel

$$\sum_k k \, (1/7)(1 - 1/7)^k$$

berechnet werden. Dabei ist k gerade die Anzahl der aufeinanderfolgenden regenfreien Tage.

Da wir nicht unendlich viele Summanden aufsummieren wollen, soll am Anfang des Programms eine Obergrenze für die Summe eingelesen werden.

```pascal
PROGRAM regenfrei (input, output);
VAR
    grenze, k : integer;
    regnet, regnetnicht, erwartungswert, bisherkeinregen : real;
BEGIN
    REPEAT
        write ('Wieviele Tage sollen beruecksichtigt werden --> ');
        readln (grenze)
    UNTIL grenze > 0;
    regnetnicht := 1 - 1 / 7;
    regnet := 1 / 7;
    erwartungswert := 0;
    bisherkeinregen := 1;
    FOR k := 1 TO grenze DO
        BEGIN
            bisherkeinregen := bisherkeinregen * regnetnicht;
            erwartungswert := erwartungswert + k * bisherkeinregen * regnet
        END (* FOR *);
    writeln ('Bei Beruecksichtigung von ', grenze, ' Tagen regnet es ');
    write ('im Durchschnitt nach jeweils ', erwartungswert, ' Tagen.');
END (* regenfrei *).
```

65. Quadratur des Kreises (Graphik)

Auf dem Bildschirm soll eine alternierende Folge von immer größer werdenden Kreisen und Quadraten erzeugt werden. Dabei soll ein Kreis jeweils Umkreis des nächstkleineren Quadrats sein, falls dies existiert, und Inkreis des nächstgrößeren Quadrats. Die größte Figur soll gerade noch auf den Bildschirm passen.

Die Gestalt (Kreis oder Quadrat) der innersten Figur soll frei wählbar sein. Eine zusätzlich einzugebende Zahl soll den Durchmesser bzw. die Länge der innersten Figur (in Bildpunkten) angeben.

Lösungsweg (Prozedur)

Die Lösung besteht im Wesentlichen aus zwei Prozeduren, die sich gegenseitig aufrufen. Die eine zeichnet einen Kreis mit gegebenem Radius, die andere ein Quadrat mit gegebener Seitenlänge in die Mitte des Bildschirms. Beide Prozeduren benutzen die durch *turtlegraphics* gegebenen Möglichkeiten für das Ausgeben von Bildpunkten.

Bemerkungen

Die Lösung weist zwei Besonderheiten auf: Erstens wird die Prozedur *kreis* nur aufgerufen, wenn der durch sie erzeugte Kreis noch auf den Bildschirm paßt, während die Prozedur *quadrat* von der Prozedur *kreis* immer aufgerufen werden kann, da das auf einer Seite liegende Quadrat noch auf den rechteckigen Bildschirm paßt, wenn sein Inkreis dort Platz hatte. Zum zweiten ist es in diesem Beispiel bequem, die Direktive *forward* zu verwenden, da dann jede der beiden Prozeduren zur Vervollständigung des Bildes die andere aufrufen kann.

```pascal
PROGRAM kreisquadratur (input, output);
USES turtlegraphics, transcend;
CONST
   xmax = 280;  (* Anzahl der Bildpunkte in x-Richtung, links x=0 *)
   ymax = 192;  (* Anzahl der Bildpunkte in y-Richtung, unten y=0 *)
   kmin = 3;     (* Mindestgroesse jeder Figur in Bildpunkten *)
VAR
   k : integer;
   zeichen : char;
PROCEDURE quadrat (seitenlaenge : integer);
   forward;
PROCEDURE kreis (radius : integer);
(* zeichnet einen Kreis mit radius und ruft quadrat auf *)
   VAR
      i, xm, ym : integer;
   BEGIN (* Koordinaten Mittelpunkt *)
      xm := round (xmax / 2);
      ym := round (ymax / 2);
      pencolor (none);
      moveto (xm - radius, ym);
      pencolor (white);
      (* obere Haelfte der Kreiskurve *)
      FOR i := - radius TO radius DO
         moveto (i + xm, ym + round (sqrt (sqr (radius) - sqr (i))));
      (* untere Haelfte der Kreiskurve *)
      FOR i := radius DOWNTO - radius DO
         moveto (i + xm, ym - round (sqrt (sqr (radius) - sqr (i))));
      quadrat (2 * radius);
   END (* kreis *);
PROCEDURE quadrat;
(* zeichnet ein Quadrat mit seitenlaenge und ruft ggf. kreis auf *)
   VAR
      i, radius : integer;
   BEGIN
      pencolor (none);
      moveto (round (xmax / 2 - seitenlaenge / 2),
            round (ymax / 2 - seitenlaenge / 2));
      pencolor (white);
```

```
    FOR i := 1 TO 4 DO
       BEGIN
          move (seitenlaenge);
          turn (90)
       END (* FOR *);
    radius := round (seitenlaenge / sqrt(2));
    IF (radius <= xmax / 2) AND (radius <= ymax / 2)
       THEN (* Kreis passt noch *) kreis (radius)
       ELSE (* es passt keine Figur mehr *)
          BEGIN
             pencolor (none);
             moveto (0, 0); (* linke untere Ecke *)
             chartype (14); (* Bildschirm := Bildschirm OR folgender Text *)
             wstring ('Bild loeschen und Beenden mit RETURN');
             readln (* Bild bleibt bestehen bis RETURN gedrueckt wird *)
          END (* ELSE *)
    END (* quadrat *);
BEGIN (* kreisquadratur *)
    REPEAT
       write ('Geben Sie bitte Q fuer Quadrat oder K fuer Kreis als 1. Figur ein --> ');
       readln (zeichen)
    UNTIL zeichen IN [ 'K', 'Q' ];
    write ('Nun bitte den Durchmesser bzw. die Laenge der Figur in Bildpunkten --> ');
    readln (k);
    IF (k < kmin) OR (k > xmax) OR (k > ymax)
       THEN writeln ('Die Figur ist mit diesem Wert nicht darstellbar.')
       ELSE (* zeichne *)
          BEGIN
             initturtle;
             IF zeichen = 'Q'
                THEN (* Quadrat zuerst *) quadrat (k)
                ELSE (* Kreis zuerst *) kreis (round (k / 2))
          END (* ELSE *)
END (* kreisquadratur *).
```

66. Benzinverbrauch (Statistik)

Ein Autofahrer interessiert sich für den durchschnittlichen Benzinverbrauch seines Wagens in ltr/100 km. Er hat deshalb bei jedem Tankvorgang die Angaben über die getankte Menge (in Liter) und die Fahrleistung (in km) notiert.

Er will nun den durchschnittlichen Verbrauch durch ein Programm aus seinen Angaben errechnen lassen. Da er längere Zeit nur kurze Strecken in der Stadt unterwegs gewesen ist und wissen möchte, ob dies einen starken Einfluß auf den Benzinverbrauch gehabt hat, interessiert er sich außerdem für die mit der Fahrleistung gewichtete durchschnittliche quadrierte Abweichung der einzelnen Verbrauchswerte (in ltr/100 km) vom berechneten Durchschnittsverbrauch.

Lösungsweg (Schleife)

Wir lesen alle Angaben paarweise ein und berechnen sukzessive den Gesamtverbrauch, die Gesamtfahrleistung (in 100 km) und die Summe der gewichteten quadrierten Verbrauchswerte (in ltr/100 km). Dann ermitteln wir daraus den Durchschnittsverbrauch und die durchschnittliche quadrierte Abweichung und geben beide aus.

```pascal
PROGRAM benzinverbrauch (input, output);
VAR
    verbrauch, fahrleistung, gesamtverbrauch,
    gesamtfahrleistung, quadratsumme, durchschnitt, streuung : real;
BEGIN
    write ('Geben Sie bitte Paare von Verbrauch (in l) und');
    writeln (' Fahrleistung (in km) ein.');
    writeln ('Beenden Sie mit CTRL-C nach dem letzten Paar.');
    gesamtverbrauch := 0;
    gesamtfahrleistung := 0;
    quadratsumme := 0;
    write ('Erstes Paar --> ');
    readln (verbrauch, fahrleistung);
    WHILE NOT eof DO
        BEGIN
            gesamtverbrauch := gesamtverbrauch + verbrauch;
            gesamtfahrleistung := gesamtfahrleistung + fahrleistung;
            quadratsumme := quadratsumme + (verbrauch / fahrleistung) *
                (verbrauch / fahrleistung) * fahrleistung;
            write ('Naechstes Paar --> ');
            readln (verbrauch, fahrleistung);
        END (* WHILE *);
    durchschnitt := (gesamtverbrauch / gesamtfahrleistung) * 100;
    streuung := (quadratsumme / gesamtfahrleistung) * 100 * 100 -
        durchschnitt * durchschnitt;
    writeln;
    writeln ('Ihr Wagen hat durchschnittlich ', durchschnitt, ' l pro 100 km verbraucht.');
    writeln ('Die gewichteten Einzelverbrauchswerte weichen davon ');
    write ('durchschnittlich um ', streuung, ' l pro 100 km ab.');
END (* benzinverbrauch *).
```

Bemerkungen

Ändern Sie das Programm so ab, daß es

(a) nur Eingabewerte akzeptiert, die nach Ihrer Meinung vernünftig sind.

(b) die entsprechende Rechnung für Ihren Heizölverbrauch vornimmt.

67. Lotto (Statistik)

Ein eingefleischter Lottospieler überlegt sich, ob er lieber bei 6 aus 49 oder lieber beim "Mittwochslotto" (7 aus 38) mitspielen soll. Er möchte sich für das Spiel entscheiden, bei dem seine Chancen auf einen Volltreffer am besten stehen.

Diese Entscheidung soll ihm vom Rechner erleichtert werden. Schreiben Sie ein Programm, das bei einzugebenden positiven ganzen Zahlen k und n, $k \leq n$, die Chance für einen Volltreffer beim Spiel k aus n liefert.

Lösungsweg (Schleife)

Die Anzahl aller Möglichkeiten, k aus n Elementen auszuwählen, ist der Wert des Binomialkoeffizienten $\binom{n}{k}$. Genau eine dieser Möglichkeiten ist der Volltreffer. Somit ist die Wahrscheinlichkeit für den Volltreffer $1/\binom{n}{k}$.

Die zur Berechnung von $\binom{n}{k}$ erforderlichen Rechenschritte führen wir in einer Reihenfolge aus, die es uns erlaubt, den Rundungsfehler gering zu halten, ohne mit Zwischenergebnissen den darstellbaren Zahlenbereich zu überschreiten.

```pascal
PROGRAM lotto (input, output);
VAR
   koeff : real;
   alle, getippt, n, k : integer;
BEGIN
   REPEAT
      write ('Aus wievielen Moeglichkeiten soll ausgewaehlt werden --> ');
      readln (alle)
   UNTIL alle > 0;
   REPEAT
      write ('Wieviele sollen aus ', alle, ' getippt werden --> ');
      readln (getippt)
   UNTIL (getippt > 0) AND (getippt <= alle);
   koeff := 1;
   k := getippt;
   FOR n = alle TO alle - getippt + 1 DO
      BEGIN (* multipliziere mit naechstem n *)
         koeff := koeff * n;
         (* solange noch dividiert werden muss und der Koeffizient nicht kleiner
            als 1 wird, dividiere *)
         WHILE (k >= 1) AND (koeff >= k) DO
            BEGIN
               koeff := koeff / k;
               k := k - 1
            END (* WHILE *)
      END (* FOR *);
   writeln ('Die Wahrscheinlichkeit fuer einen Volltreffer bei ', getippt, ' aus ',
         alle, ' ist ', 1 / koeff, '.')
END (* lotto *).
```

<u>Bemerkungen</u>

Ändern Sie das Programm so ab, daß die Wahrscheinlichkeit ermittelt wird, mindestens
die Hälfte der k Zahlen des Volltreffers richtig zu raten.

68. Potenz (Algebra)

In Standard-Pascal gibt es leider keinen Potenzoperator zur Berechnung von x^y. Um diesen Mangel auszugleichen, möchten wir ein Programm erstellen, das für beliebige Basis x und nicht negativen ganzzahligen Exponenten y den Wert von x^y liefert.

Lösungsweg (Schleife)

Es gibt mehrere Möglichkeiten für die Lösung (Iteration, Rekursion, y-maliges Multiplizieren, Logarithmieren, usw.). Wir entscheiden uns für den Weg des iterierten Multiplizierens, wobei die Anzahl der Multiplikationen möglichst gering sein soll. Das ist vor allem für große Werte von y wichtig. Zunächst schreiben wir x^y als $x^y = uv^r$, wobei zu Beginn des Verfahrens $u = 1$, $v = x$ und $r = y$ ist und am Ende $r = 0$ und damit $u = x^y$ gilt.

Sei also $x^y = uv^r$.

Fall 1 (r ist gerade):

Dann ist

$$uv^r = uv^{2(r \text{ div } 2)} = u(v^2)^{r \text{ div } 2} = uv_1^{r_1},$$

mit $v_1 = v^2$ und $r_1 = r$ div 2.

Fall 2 (r ist ungerade):

Dann ist

$$uv^r = uv^{2(r \text{ div } 2)+1} = (uv)(v^2)^{r \text{ div } 2} = u_1 v_1^{r_1},$$

mit $u_1 = uv$, $v_1 = v^2$ und $r_1 = r$ div 2.

In beiden Fällen erhalten wir eine Darstellung derselben Art mit einem neuen Exponenten $r_1 < r$. Wir können also die neue Darstellung auf dieselbe Weise nochmals verändern usw., bis der Exponent r gleich 0 geworden ist.

```pascal
PROGRAM potenz (input, output);
VAR
   x, u, v : real;
   y, r : integer;
BEGIN
   write ('Geben Sie bitte die Basis an --> ');
   readln (x);
   REPEAT
     write ('Geben Sie bitte den nichtnegativen ganzzahligen Exponenten an --> ');
     readln (y)
   UNTIL y >= 0;
   u := 1;
   v := x;
   r := y;
   WHILE r > 0 DO
     BEGIN
        IF odd (r) THEN u := u * v;
        v := v * v;
        r := r DIV 2
     END (* WHILE *);
   writeln (x, ' hoch ', y, ' = ', u)
END (* potenz *).
```

Bemerkungen

Die gewählte Lösung hat den Vorteil, daß sie nur etwa $\log_2(y)$ viele Multiplikationen benötigt.

Man ändere das Programm so ab, daß es die Berechnung von x^y in einer Funktion vornimmt.

69. Raffiniert (Alltagsprobleme)

Die ESISSO-Raffinerie beabsichtigt, ihre Münztankstellen mit Kleincomputern auszurüsten, die auf Wunsch jedem Kunden alle Möglichkeiten angeben, wie er durch Einwurf von Fünfmark-, Zweimark- und Markstücken hintereinander in einen Einwurfschlitz genau einen von ihm gewünschten Geldbetrag erreicht. Will der Kunde beispielsweise für 3 Mark tanken, so soll er die drei Alternativen

```
1 1 1
1 2
2 1
```

angezeigt bekommen. Die ESISSO-Geschäftsleitung nimmt an, daß niemand jemals für mehr als 100 Mark tankt, und beauftragt Sie mit der Programmierung.

Lösungsweg (Prozedur, Rekursion)

Der gegebene Betrag wird auf Münzen aufgeteilt, indem jede mögliche Münze als nächste einzuwerfende gewählt wird und jeweils der Restbetrag (nach diesem Verfahren) aufgeteilt wird. Um eine vollständige Aufteilung des Gesamtbetrags ausgeben zu können, wird die bisherige Aufteilung jeweils gespeichert. Man beachte, daß ein Feld für die Speicherung der sich dynamisch ändernden, jeweils bisherigen Aufteilung genügt.

Bemerkungen

Überzeugen Sie sich von der gedanklichen Einfachheit des rekursiven Lösungsansatzes, indem Sie eine iterative Lösung entwerfen und programmieren.

```pascal
PROGRAM raffiniert (input, output);
CONST
   max = 100;
TYPE
   einwuerfe = ARRAY [1..max] OF integer;
VAR
   betrag : integer;
   einwurf : einwuerfe;
PROCEDURE aufteilen (betrag, stelle : integer; VAR einwurf : einwuerfe);
(* teilt betrag auf, speichert das Ergebnis in einwurf ab stelle und gibt
   es aus, falls nichts mehr aufzuteilen ist *)
   VAR
      i : integer;
   BEGIN
      FOR i := 1 TO 5 DO
         IF i IN [1, 2, 5]
            THEN
               IF betrag >= i
                  THEN (* waehle i als naechste Muenze *)
                     BEGIN
                        einwurf [stelle] := i;
                        aufteilen (betrag - i, stelle + 1, einwurf)
                     END (* THEN *);
      IF betrag = 0
         THEN (* alles aufgeteilt; Ausgabe *)
            BEGIN
               FOR i := 1 TO stelle - 1 DO write (einwurf [i], ' ');
               writeln
            END (* THEN *)
   END (* aufteilen *);
BEGIN (* raffiniert *)
   REPEAT
      writeln ('Willkommen bei ESISSO! Bitte geben Sie den Betrag ein,');
      write ('den Sie fuer unser Benzin ausgeben wollen (in DM) --> ');
      readln (betrag)
   UNTIL betrag > 0;
   writeln ('Sie koennen DM ', betrag, ' wie folgt aufteilen:');
   aufteilen (betrag, 1, einwurf);
   writeln ('             so isses!');
   writeln ('             mit freundlichem Gruss       Ihre ESISSO.')
END (* raffiniert *).
```

136

70. Münzen sammeln (Spiel)

Zwei abwechselnd ziehende Spieler spielen gegeneinander das folgende Spiel:

In einer Reihe liegt eine gewisse Anzahl verschiedenwertiger Münzen. Der jeweils ziehende Spieler nimmt entweder eine oder zwei Münzen vom vorderen Ende der Reihe weg zu seiner Sammlung. Gewonnen hat, wer den größten Geldbetrag angesammelt hat, wenn alle Münzen weggenommen worden sind.

Zu einer gegebenen Reihe von höchstens 20 Münzen soll entschieden werden, ob der als erster ziehende Spieler den Sieg erzwingen kann. Die Werte der Münzen sind (in der Reihenfolge von vorne nach hinten in der Reihe) als beliebige positive ganze Zahlen einzugeben. Nehmen Sie der Einfachheit halber an, daß nicht beide Spieler denselben Geldbetrag ansammeln können, etwa weil die Summe der Werte der Münzen ungerade ist.

Lösungsweg (Funktion, Rekursion)

Vor der Beantwortung der Frage ist es erforderlich, alle Werte der Münzen zu kennen. Daher werden zunächst alle diese Werte gelesen. Eine Spielsituation ist charakterisiert durch den Kontostand beider Spieler, den Rest der Münzreihe und dadurch, welcher Spieler am Zug ist. Sie ist Gewinnsituation für den ziehenden Spieler, wenn entweder keine Münzen mehr übrig sind und er den höheren Kontostand hat oder er so ziehen kann, daß die entstehende Spielsituation keine Gewinnsituation für den Gegenspieler ist. Ist nur noch eine Münze übrig, so hat der ziehende Spieler keine Wahl; andernfalls kann er eine oder zwei Münzen wegnehmen.

Bemerkungen

Modifizieren Sie die Lösung so, daß

(a) bei gleichem Kontostand das Ergebnis unentschieden lautet.

(b) der ziehende Spieler die Wahl zwischen beiden Enden der Reihe hat.

(c) der Spieler gewinnt, der die meisten verschiedenen Münzen gesammelt hat.

(d) der Computer gegen den Menschen spielt und dabei die Gewinnstrategie verfolgt.

```
PROGRAM muenzensammeln (input, output);
CONST
   max = 20;
TYPE
   muenzreihe = ARRAY [1..max] OF integer;
VAR
   muenzen : muenzreihe;
   i, letzte : integer;
```

```
FUNCTION sieg (mein, dein, weg : integer; VAR letzte : integer;
      VAR m : muenzreihe) : boolean;
(* liefert true, wenn der ziehende Spieler mit Kontostand mein gegen den
   Gegenspieler mit Kontostand dein den Sieg erzwingen kann, wobei die ersten
   weg Muenzen bereits weg sind und anfangs in der Muenzreihe m Muenzen an
   Positionen 1 bis letzte lagen *)
BEGIN
    IF letzte = weg
       THEN sieg := mein > dein
       ELSE
          IF letzte - 1 = weg
             THEN (* keine Wahl, nimm eine Muenze *)
                sieg := NOT sieg (dein, mein + m [weg + 1], weg + 1, letzte, m)
             ELSE (* nimm 1 oder 2 Muenzen weg: probiere beides *)
                sieg := NOT (sieg (dein, mein + m [weg + 1], weg + 1, letzte, m)
                   AND sieg (dein, mein + m [weg + 1] + m [weg + 2],
                   weg + 2, letzte, m))
    END (* sieg *);
BEGIN (* muenzensammeln *)
   (* Eingabe der Muenzwerte *)
   writeln ('Bitte in einer Zeile hoechstens ', max, ' positive ganze Zahlen fuer ');
   writeln ('die Werte der Muenzen eingeben (kein Blank vor RETURN) --> ');
   letzte := 0;
   WHILE NOT (eoln OR (letzte = max)) DO
      BEGIN
         letzte := letzte + 1;
         read (muenzen [letzte]);
         (* ignoriere nicht-positiven Muenzwert *)
         IF muenzen [letzte] <= 0 THEN letzte := letzte - 1
      END (* WHILE *);
   writeln;
   (* Echo-Ausgabe *)
   writeln ('Muenzen in der Reihe (falsche Eingaben ignoriert):');
   FOR i := 1 TO letzte DO write (muenzen [i], ' ');
   writeln;
   (* Ausgabe des Resultats *)
   write ('Der anziehende Spieler kann den Sieg ');
   IF sieg (0, 0, 0, letzte, muenzen)
      THEN write ('erzwingen. Herzlichen Glueckwunsch!')
      ELSE write ('nicht erzwingen. Pech gehabt!')
END (* muenzensammeln *).
```

138

71. Falkland (Optimierung)

Ein Tankflugzeug soll auf einem Langstreckenflug von einem festen Ausgangspunkt mit Hilfe weiterer Tankflugzeuge so mit Kerosin versorgt werden, daß es eine möglichst lange Strecke zurücklegen kann. Dabei dürfen sich die Tankflugzeuge auch gegenseitig versorgen.

Das Flugzeug auf dem Langstreckenflug soll eine Entfernung von e km in geradlinigem Flug bewältigen. Ein Tankinhalt reicht aber nur für 3000 km; deshalb darf jedes Flugzeug zusätzlich in der Luft betankt werden. Die Organisation der Tankvorgänge erfolgt so, daß ein Tankflugzeug jeweils 1000 km (Tkm) fliegt (hin oder zurück) und dann für einen Tankvorgang, der selbst keine Zeit beansprucht, zur Verfügung steht. Es kann dabei entweder ein anderes Flugzeug mit Kerosin für 1000 km versorgen oder selbst von einem anderen Flugzeug entsprechend versorgt werden.

Jedes Versorgungsflugzeug muß aber an den Ausgangspunkt zurückkehren.

Für gegebene Entfernung e (ganzzahlig) soll die minimale Anzahl der Versorgungsflüge (Start-Flug-Landung) bestimmt werden.

Lösungsweg (Rekursion)

Wir nehmen an, daß jedes Flugzeug mit vollem Tank startet. Da zur Versorgung näher am Start weniger Versorgungsflüge benötigt werden, wird das Langstreckenflugzeug L bei jeder Etappe wieder vollgetankt, so daß es die letzten 3000 km aus eigener Kraft zurücklegen kann. Soll L beispielsweise 4000 km zurücklegen, so wird es mit einem Versorgungsflugzeug nach 1000 km vollgetankt.

Soll L nach (j+1) Tkm vollgetankt sein, so muß es nach j Tkm vollgetankt gewesen sein, und von einem Versorgungsflugzeug V bei (j+1) Tkm versorgt werden. V muß dann aber bei j Tkm vollgetankt gewesen sein. Nach Flug von j Tkm zu (j+1) Tkm, Versorgen von L und Rückflug nach j Tkm ist V leer und muß alle 1000 km auf dem Rückflug versorgt werden (also gerade wie auf dem Hinflug). Bezeichnet f(j+1) die Anzahl der Versorgungsflüge, um ein Flugzeug mit vollem Tank (j+1) Tkm weit zu bringen, so gilt demnach:

$$f(j+1) = \text{Versorgung L} + \text{Flug V} + \text{Versorgung V hin} + \text{Versorgung V zurück}$$
$$= f(j) + 1 + f(j) + f(j) = 3f(j) + 1$$

$$f(0) = 0$$

Damit L eine Entfernung e bewältigen kann, werden also f((e-3000)/1000) Versorgungsflüge benötigt.

```
PROGRAM falkland (input, output);
VAR
   e, j : integer;
FUNCTION f (j : integer) : integer;
   BEGIN
     IF j <= 0
        THEN f := 0
        ELSE f := 3 * f (j - 1) + 1
   END (* f *);
BEGIN (* falkland *)
   write ('Geben Sie bitte die zurueckzulegende Entfernung (in km) an --> ');
   readln (e);
   IF e <= 0
      THEN write ('Fehler: Entfernung <= 0. Programmabbruch.')
      ELSE
         BEGIN
            j := (e - 3000) DIV 1000;
            IF j * 1000 <> e - 3000 THEN j := j + 1;
            write ('Anzahl Versorgungsfluege: ', f (j), '.')
         END (* ELSE *)
END (* falkland *).
```

Bemerkungen

Das angegebene Problem war von praktischer Bedeutung bei der Versorgung von Transportflugzeugen auf dem Flug von Ascension nach Falkland (siehe Spiegel 2/1983). Lösen Sie das Problem auch für folgende Modifikationen:

(a) Gegeben sei die Anzahl der Versorgungsflüge; welche Entfernung kann das Flugzeug L zurücklegen?

(b) Wie groß muß der Treibstoffvorrat beim Startplatz sein?

(c) Es soll ein Protokoll der Flüge und der Tankvorgänge in übersichtlicher Darstellung ausgegeben werden.

(d) Es soll die Anzahl der Versorgungsflugzeuge ermittelt werden, wenn jedes Flugzeug auf mehreren zeitlich hintereinander liegenden Flügen eingesetzt werden kann.

72. Paganovo (Alltagsprobleme)

Alle Bäume im Zauberwald von Paganovo gehorchen dem folgenden magischen Gesetz:
Einen Baum mit Höhe h gibt es im Wald genau dann, wenn es auch einen mit Höhe
2(h+13) oder einen mit Höhe h+37 gibt. Natürlich hat jeder Baum positive Höhe. Ein
Programm soll die Höhe des kleinsten Baumes berechnen, wenn die Höhe des größten
Baumes eingegeben wird.

Lösungsweg (Rekursion)

Aus der Existenz eines Baumes mit Höhe h wird auf die Existenz eines Baumes mit
Höhe h/2-13 und eines Baumes mit Höhe h-37 geschlossen, sofern die resultierende
Höhe positiv ist.

```
PROGRAM waldvonpaganovo (input, output);
VAR
    hoehe : real;
FUNCTION kleinster (h : real) : real;
(* liefert die Hoehe des kleinsten Baums, wenn es den Baum mit Hoehe h gibt *)
    VAR
        h1, h2 : real;
    BEGIN
        h1 := h / 2 - 13;
        h2 := h - 37;
        IF (h1 <= 0) AND (h2 <= 0) THEN kleinster := h
        ELSE IF h1 <= 0 THEN kleinster := kleinster (h2)
        ELSE IF h2 <= 0 THEN kleinster := kleinster (h1)
        ELSE
            BEGIN
                h1 := kleinster (h1);
                h2 := kleinster (h2);
                IF h1 < h2
                    THEN kleinster := h1
                    ELSE kleinster := h2
            END (* ELSE *)
    END (* kleinster *);
BEGIN (* waldvonpaganovo *)
    write ('Bitte Hoehe des hoechsten Baumes eingeben --> ');
    readln (hoehe);
    IF hoehe <= 0
        THEN write ('Bloedsinn: Hoehe nicht positiv. Tschuess...')
        ELSE write ('Der kleinste Baum hat die Hoehe ', kleinster (hoehe), '. Tschuess...')
END (* waldvonpaganovo *).
```

73. Hochstapeln (DV-Algorithmen)

Eine Folge von höchstens 80 Zeichen soll eingelesen und in umgekehrter Reihenfolge wieder ausgegeben werden.

Lösungsweg (Array, Record, Prozedur)

Es wird ein Stapel zur Speicherung von Zeichen nach dem "LIFO-Prinzip" (last-in-first-out) verwendet:

Der Stapel ist anfangs leer. Dann wird solange jedes gelesene Zeichen als jeweils neues oberstes Element auf den Stapel gelegt (mittels der Operation *push*), bis alle Zeichen gelesen und im Stapel zwischengespeichert sind. Nun werden der Reihe nach die Zeichen vom Stapel von oben heruntergenommen (mittels der Operation *pop*) und ausgegeben, bis der Stapel leer ist. Die Operationen *push* und *pop* werden nur im Hinblick auf ihre spätere Verwendung in anderen Aufgaben bereits hier sehr allgemein definiert.

```pascal
PROGRAM hochstapeln (input, output);
CONST
   maxstapel = 80;
TYPE
   eintragstyp = char;
   stapel = RECORD
               eintrag : ARRAY [1..maxstapel] OF eintragstyp;
               top : 0..maxstapel
            END;
VAR
   s : stapel;
   zeichen : eintragstyp;
PROCEDURE push (VAR s : stapel; aktuell : eintragstyp);
(* legt aktuell als neues oberstes Element auf den Stapel s *)
   BEGIN
      IF s.top = maxstapel
         THEN
            BEGIN
               writeln ('Fehler: Stapelueberlauf. Programmabbruch.');
               exit (program)
            END (* THEN *)
         ELSE
            BEGIN
               s.top := s.top + 1;
               s.eintrag [s.top] := aktuell
            END (* ELSE *)
   END (* push *);
PROCEDURE pop (VAR s : stapel; VAR aktuell : eintragstyp);
(* entfernt das oberste Element vom Stapel s und liefert es als aktuell ab *)
   BEGIN
      IF s.top = 0
         THEN
            BEGIN
               writeln ('Fehler: Stapelunterlauf. Programmabbruch.');
               exit (program)
            END (* THEN *)
         ELSE
            BEGIN
               aktuell := s.eintrag [s.top];
               s.top := s.top - 1
            END (* ELSE *)
   END (* pop *);
```

```
BEGIN (* hochstapeln *)
   (* Eingabe der Zeichenfolge *)
   writeln ('Geben Sie bitte eine Kette von hoechstens ', maxstapel,
        ' Zeichen ein.');
   writeln ('Beenden Sie Ihre Eingabe mit CTRL-C.');
   write ('--> ');
   s.top := 0;
   read (zeichen);
   WHILE NOT eof AND (s.top < maxstapel) DO
      BEGIN
         push (s, zeichen);
         read (zeichen)
      END (* WHILE *);
   writeln;
   (* Ausgabe der umgekehrten Zeichenfolge *)
   writeln ('Die umgekehrte Zeichenkette:');
   WHILE s.top > 0 DO
      BEGIN
         pop (s, zeichen);
         write (zeichen)
      END (* WHILE *)
END (* hochstapeln *).
```

Bemerkungen

In der vorgegebenen Lösung wurde für die Programmierung des Stapels ein lineares
Feld mit maximaler Länge 80 gewählt. Schreiben Sie das Programm um, indem Sie den
Stapel als verkettete Liste mit Hilfe von Zeigern implementieren: ein Zeiger *top* zeigt
auf das oberste Element und jedes Element hat einen Zeiger auf das darunterliegende.

74. Postfixumformung (DV-Algorithmen)

Vollständig geklammerte rationale Infixausdrücke sind wie folgt definiert:

1. Jede nichtnegative, vorzeichenlose ganze Zahl ist ein rationaler Infixausdruck und heißt auch Operand.
2. Mit p und q sind auch (p + q), (p − q), (p * q) und (p / q) rationale Infixausdrücke.
3. Sonst nichts.

Postfixausdrücke sind analog zu Infixausdrücken definiert. Dabei muß es jedoch in Ziffer 2 heißen:

2. Mit p und q sind auch pq+, pq−, pq* und pq/ rationale Postfixausdrücke.

Ein gegebener rationaler Infixausdruck soll in Postfixform gebracht werden und in dieser Form auf eine Ausgabedatei geschrieben werden. Dabei sollen je zwei Operanden durch wenigstens ein Leerzeichen getrennt sein.

Lösungsweg (If, Schleife)

Der gegebene Infixausdruck wird von links nach rechts untersucht: öffnende Klammern und Leerzeichen werden überlesen; Operanden werden zeichenweise auf die Ausgabedatei übertragen; Operatoren werden auf einem anfangs leeren Operatorenstapel abgelegt; sobald eine schließende Klammer angetroffen wird, wird der jeweils oberste Operator vom Operatorenstapel genommen und auf die Ausgabedatei geschrieben.

```
PROGRAM postfix (input, output);
CONST
   maxstapel = 80;
(* Hier: Typdefinitionen eintragstyp und stapel wie im Problem "Hochstapeln" *)
VAR
   zeichen, op : eintragstyp;
   s : stapel (* der Operatoren *);
   pfixfile : text;
(* Hier: Prozeduren push und pop wie im Problem "Hochstapeln" *)
BEGIN (* postfix *)
   s.top := 0;
   rewrite (pfixfile, '#5:PFIXFILE');
   (* Eingabe eines Infixausdrucks *)
   writeln ('Bitte Infixausdruck eingeben und mit CTRL-C abschliessen.');
   write ('--> ');
   read (zeichen);
```

```
WHILE NOT eof DO
   BEGIN
      IF zeichen IN ['(', ' '] THEN (* tue nichts *)
      ELSE IF zeichen IN ['0'..'9'] THEN (* Zahl *) write (pfixfile, zeichen)
      ELSE IF zeichen IN ['+', '-', '*', '/']
               THEN (* Operand *)
                  BEGIN
                     push (s, zeichen);
                     write (pfixfile, ' ')
                  END (* THEN *)
      ELSE IF zeichen = ')'
               THEN
                  BEGIN
                     pop (s, op);
                     write (pfixfile, ' ', op)
                  END (* THEN *)
      ELSE
         BEGIN
            writeln ('Fehler: Falsche Eingabe. Programmabbruch.');
            exit (program)
         END (* ELSE *);
      read (zeichen)
   END (* WHILE *);
(* Ausgabe in Postfixform *)
writeln;
writeln ('Der eingegebene Ausdruck hat die Postfixform');
reset (pfixfile);
WHILE NOT eof (pfixfile) DO
   BEGIN
      read (pfixfile, zeichen);
      write (zeichen)
   END (* WHILE *);
close (pfixfile, lock)
END (* postfix *).
```

Bemerkungen

Versuchen Sie eine rekursive Lösung (ohne Verwendung eines Stapels).

75. Blutrünstig (Optimierung)

Ein Bauer in Transsylvanien besitzt 3000 Silberlinge und einen 1000 m^2 großen Akker, den er möglichst gewinnbringend bebauen möchte. Er kann die Blutrübe und den Drakulastrauch anbauen. Das Anbauen der Blutrübe kostet 2 Silberlinge pro m^2, das des Drakulastrauches 6 Silberlinge pro m^2. Auf dem Vampirsupermarkt werden für den Ertrag eines m^2 Anbaufläche für die Blutrübe 4,50 Silberlinge, für die Früchte des Drakulastrauchs 11 Silberlinge gezahlt. Wieviele m^2 soll der Bauer mit Blutrüben, wieviele mit Drakulasträuchern bebauen?

Schreiben Sie ein Programm, das die Werte für den zur Verfügung stehenden Platz und das verfügbare Geld sowie die Kosten und den Erlös pro Platzeinheit für beide Produkte liest und die gewinnmaximale Kombination ausgibt.

Lösungsweg (Arithmetik, If)

Werden b m^2 Blutrüben und d m^2 Drakulasträucher angebaut, so muß gelten:

(1) $b + d \leq 1000$
(2) $2b + 6d \leq 3000$
(3) $b \geq 0$
(4) $d \geq 0$

Der Gewinn beträgt $(4,50-2)b + (11-6)d$ Silberlinge.

Aus der Theorie der linearen Optimierung weiß man, daß die optimale Kombination dort anzutreffen ist, wo zwei der vier Ungleichungen, als Gleichungen gelesen, erfüllt, und die anderen beiden Ungleichungen nicht verletzt sind. Berechnet man den Gewinn für jede dieser (maximal 4) Situationen, so ist dabei auch der Maximalgewinn und die zugehörige Kombination anzubauender Produkte.

```pascal
PROGRAM anbauoptimierung (input, output);
VAR
    f, g, kb, kd, eb, ed, bopt, dopt, gopt, bact, dact, gact : real;
BEGIN
    writeln ('Lineare Optimierung: 2 Produkte, 2 Nebenbedingungen.');
    write ('Groesse des verfuegbaren Ackers (in qm) --> ');
    readln (f);
    write ('Menge des verfuegbaren Geldes (in Silberlingen) --> ');
    readln (g);
    writeln ('Kosten und Erloes in Silberlingen pro qm');
    write ('     fuer Produkt 1 (Blutruebe) --> ');
    readln (kb, eb);
    write ('     fuer Produkt 2 (Drakulastrauch) --> ');
    readln (kd, ed);
    (* Ungleichungen 1 mit 2 *)
    IF kb <> kd
        THEN (* berechne Schnittpunkt und Gewinn *)
            BEGIN
                bopt := (kd * f - g) / (kd - kb);
                dopt := (g - kb * f) / (kd - kb);
                IF (bopt >= 0) AND (dopt >= 0)
                    THEN gopt := (eb - kb) * bopt + (ed - kd) * dopt
                    ELSE gopt := 0
            END (* THEN *)
        ELSE gopt := 0;
    (* Ungleichungen 1 mit 3 und 2 mit 3 *)
    IF kd * f <= g
        THEN dact := f
        ELSE dact := g / kd;
    gact := (ed - kd) * dact;
    IF gopt < gact
        THEN (* merke hoeheren Gewinn *)
            BEGIN
                gopt := gact;
                bopt := 0;
                dopt := dact
            END (* THEN *);
    (* Ungleichungen 1 mit 4 und 2 mit 4 *)
    IF kb * f <= g
        THEN bact := f
        ELSE bact := g / kb;
```

148

```pascal
    gact := (eb - kb) * bact;
IF gopt < gact
   THEN (* merke hoeheren Gewinn *)
      BEGIN
         gopt := gact;
         bopt := bact;
         dopt := 0
      END (* THEN *);
(* Ende der Berechnung und Ausgabe des Ergebnisses *)
IF gopt <= 0
   THEN write ('Kein Gewinn erzielbar! Tschuess...')
   ELSE
   BEGIN
      writeln ('Der Anbau von ', bopt : 10 : 2, ' qm Blutrueben und');
      writeln (' ' : 14, dopt : 10 : 2, ' qm Drakulastrauch');
      writeln ('bringt ', gopt : 17 : 2, ' Silberlinge Gewinn.');
      write ('Das ist optimal. Tschuess...')
   END (* ELSE *)
END (* anbauoptimierung *).
```

76. Postfixauswertung (DV-Algorithmen)

Ein in Postfixnotation gegebener rationaler Ausdruck soll ausgewertet werden. Die Operanden (vorzeichenlose, nichtnegative, ganze Zahlen) und die vier Operatoren +, -, *, / seien jeweils durch wenigstens ein Leerzeichen getrennt auf einer Textdatei gegeben.

Lösungsweg (Case, Array, Record, File)

Jeder gelesene Operand z wird als das die rationale Zahl z/1 repräsentierende Zahlenpaar (z,1) auf einen Stapel von Zahlenpaaren gelegt. Wird ein Operator gelesen, so werden die beiden obersten Zahlenpaare vom Stapel geholt und mit Hilfe des Operators entsprechend den bekannten Regeln der Bruchrechnung miteinander verknüpft. Das Ergebnis der Verknüpfung kommt wieder auf den Stapel.

150

```pascal
PROGRAM auswertung (input, output);
CONST
   maxstapel = 80;
TYPE
   eintragstyp = RECORD
                       z, n : integer (* Zaehler, Nenner *)
                    END;
(* Hier: Typdefinition stapel wie in Problem "Hochstapeln" *)
VAR
   p, q, r : eintragstyp;
   s : stapel;
   pfixfile : text;
   zeichen : char;
   wert : integer;
(* Hier: Prozeduren push und pop wie in Problem "Hochstapeln" *)
BEGIN (* auswertung *)
   reset (pfixfile, '#5:PFIXFILE');
   s.top := 0;
   WHILE NOT eof (pfixfile) DO
      BEGIN
         read (pfixfile, zeichen);
         WHILE zeichen = ' ' DO read (pfixfile, zeichen);
         IF zeichen IN ['0'..'9']
            THEN (* lies wert und lege (wert, 1) auf Stapel *)
               BEGIN
                  wert := 0;
                  REPEAT
                     wert := 10 * wert + (ord (zeichen) - ord ('0'));
                     read (pfixfile, zeichen)
                  UNTIL zeichen = ' ';
                  p.z := wert;
                  p.n := 1;
                  push (s, p)
               END (* THEN *)
            ELSE
               IF zeichen IN ['+', '-', '*', '/']
                  THEN (* Operator: entferne die beiden obersten Stapelelemente
                          und berechne neues oberstes Element *)
                     BEGIN
                        pop (s, p);
                        pop (s, q);
```

```
            CASE zeichen OF
               '+' :
                  BEGIN
                     r.z := p.z * q.n + p.n * q.z;
                     r.n := p.n * q.n
                  END (* '+' *);
               '-' :
                  BEGIN
                     r.z := p.z * q.n - p.n * q.z;
                     r.n := p.n * q.n
                  END (* '-' *);
               '*' :
                  BEGIN
                     r.z := p.z * q.z;
                     r.n := p.n * q.n
                  END (* '*' *);
               '/' :
                  BEGIN
                     r.z := p.z * q.n;
                     r.n := p.n * q.z
                  END (* '/' *)
            END (* CASE *);
            push (s, r)
         END (* THEN *)
      ELSE
         BEGIN
            writeln ('Fehler: Falsches Zeichen. Programmabbruch.');
            exit (program)
         END (* ELSE *)
   END (* WHILE *);
   write ('Wert des Postfixausdrucks im PFIXFILE (ungekuerzt): ');
   pop (s, r);
   write (r.z, ' / ', r.n)
END (* auswertung *).
```

Bemerkungen

Erstellen Sie ein Protokoll der Auswertung, indem Sie die erzeugte Folge der jeweils noch auszuwertenden Postfixausdrücke und die Folge der Zahlenstapel in übersichtlicher Weise neben- oder untereinander ausgeben.

77. In vino veritas (Optimierung)

Der "Flußdorfer Herrlich" ist der meistgetrunkene Wein aus einem bekannten deutschen Weinland – als traditionsreiche Mischung aus Essig und Zuckerwasser erfreut er sich ständig steigender Beliebtheit. Süßer Wein ist beliebter als saurer. Marktforschungen haben den folgenden Zusammenhang zwischen Verkaufserlös und Zucker- bzw. Essiggehalt ergeben: Besteht ein Liter Wein zu z% aus Zuckerwasser und zu $(100-z)$% aus Essig, so beträgt der Verkaufserlös $(3z + 1,80(100-z))/100$ DM. Entsprechend ist die absetzbare Menge bei süßerem Wein größer: ein Winzer kann $(2400z + 1000(100-z))/100$ Liter Wein absetzen. Die Kosten für einen Liter Essig betragen –,35 DM, für einen Liter Zuckerwasser dagegen –,65 DM. Wieviel Essig und wieviel Zuckerwasser soll ein Winzer kaufen, der den Wein in einem 1500-Liter-Faß mischen und reifen lassen will, wenn er für den Kauf 910,– DM einsetzen kann und den größtmöglichen Gewinn anstrebt?

Schreiben Sie ein Programm, das bis zu 20 Nebenbedingungen der Form $ax+by \leq c$ akzeptiert und eine Zielfunktion der Form $f(x,y) = a'x + b'y$ maximiert, wobei x und y die beiden der linearen Optimierungsaufgabe zugrundeliegenden Variablen sind. Verwenden Sie das Programm zur Lösung der oben angegebenen Aufgabe und zur Lösung des Problems "Blutrünstig".

Lösungsweg (Arithmetik, Schleife, Array)

Die Koeffizienten a, b und c der Nebenbedingungen werden in einem Feld gespeichert. Dann wird jedes Paar von Nebenbedingungen als lineares Gleichungssystem betrachtet und gelöst. Falls die Lösung alle anderen Nebenbedingungen erfüllt, wird der Funktionswert der Zielfunktion ermittelt. Der beste Wert der Zielfunktion bildet, zusammen mit den dazugehörigen Werten der Variablen, die Lösung des Optimierungsproblems. Man beachte, daß die Nebenbedingungen $x \geq 0$ bzw. $y \geq 0$ nicht etwa automatisch berücksichtigt werden, sondern (bei Bedarf) eingegeben werden müssen. Wir nehmen an, daß nur positive Werte der Zielfunktion interessieren; werden solche nicht erzielt, so wird jede Kombination der Variablen verworfen.

```pascal
PROGRAM linearesoptimieren (input, output);
CONST
   maxneben = 20;
TYPE
   koeffizienten = ARRAY [1..maxneben] OF real;
VAR
   a, b, c : koeffizienten;
   n : integer;
   az, bz : real;
PROCEDURE eingabe (VAR n : integer; VAR a, b, c : koeffizienten; VAR az, bz : real);
(* Eingabe aller Koeffizienten der Optimierungsaufgabe *)
   BEGIN
      writeln ('Lineare Optimierung fuer die beiden Variablen x und y.');
      writeln ('Koeffizienten a'' und b'' der zu maximierenden Zielfunktion ',
            'f(x,y) = a''x + b''y');
      write ('--> ');
      readln (az, bz);
      n := 0;
      writeln ('Koeffizienten  a b c  der (maximal ', maxneben, ') ');
      writeln ('Nebenbedingungen der Form  ax + by <= c eingeben.');
      writeln ('Letzten Koeffizienten mit CTRL-C abschliessen.');
      REPEAT
         n := n + 1;
         write ('Koeffizienten der ', n, '. Nebenbedingung --> ');
         readln (a [n], b [n], c [n]);
         IF (a [n] = 0) AND (b [n] = 0) THEN (* unsinnig *) n := n - 1
      UNTIL eof OR (n = maxneben);
      writeln
   END (* eingabe *);
PROCEDURE optimiere (n : integer; a, b, c : koeffizienten; az, bz : real);
(* ermittelt die optimale Loesung des Problems und gibt sie aus *)
   VAR
      i, j, k, ka, kb : integer;
      x, y, f, xopt, yopt, fopt, d : real;
      ecke : boolean;
   BEGIN
      fopt := 0;
      (* nur positive f (x, y) interessieren *)
      FOR i := 1 TO n - 1 DO
         FOR j := i + 1 TO n DO
            BEGIN (* betrachte Paar i,j der Nebenbedingungen als
                     Gleichungssystem und loese es *)
```

```
IF (a [i] = 0) AND (a [j] = 0) OR (b [i] = 0) AND (b [j] = 0)
   THEN ecke := false
   ELSE
      BEGIN
         IF (a [i] <> 0) AND (b [j] <> 0)
            THEN
               BEGIN (* Koeffizient b in Gleichung j nicht Null *)
                  kb := j;
                  ka := i
               END (* THEN *)
            ELSE
               BEGIN
                  kb := i;
                  ka := j
               END (* ELSE *);
         d := a [ka] * b [kb] - a [kb] * b [ka];
         IF d = 0
            THEN ecke := false
            ELSE
               BEGIN
                  ecke := true;
                  x := (b [kb] * c [ka] - b [ka] * c [kb]) / d;
                  y := (c [kb] - a [kb] * x) / b [kb]
               END (* ELSE *)
      END (* ELSE *);
(* pruefe, ob die erhaltene Loesung alle uebrigen
   Nebenbedingungen erfuellt *)
IF ecke
   THEN
      FOR k := 1 TO n DO
         IF (k <> i) AND (k <> j) THEN
            IF a [k] * x + b [k] * y > c [k] THEN ecke := false;
(* falls sie das tut, ermittle den Zielfunktionswert *)
IF ecke
   THEN
      BEGIN
         f := az * x + bz * y;
         IF fopt < f
            THEN
               BEGIN
                  fopt := f;
```

```
                    xopt := x;
                    yopt := y
                 END (* THEN *)
            END (* THEN *)
       END (* FOR *);
    IF fopt = 0
       THEN writeln ('Keine Loesung liefert positiven Zielfunktionswert')
       ELSE writeln ('Maximum f = ', fopt : 10 : 3, ' bei x = ',
                xopt : 10 : 3, ' und y = ', yopt : 10 : 3, '.')
   END (* optimiere *);
BEGIN (* linearesoptimieren *)
   eingabe (n, a, b, c, az, bz);
   IF n = 1
      THEN writeln ('Eine Nebenbedingung ist zu wenig! Programmende.')
      ELSE optimiere (n, a, b, c, az, bz);
   write ('Tschuess...')
END (* linearesoptimieren *).
```

Bemerkungen

Ändern Sie Ihre Lösung so, daß

(a) auch das Minimieren der Zielfunktion möglich ist; beachten Sie dabei insbesondere
     die Wahl des Anfangswerts.

(b) beliebig viele Nebenbedingungen angegeben werden können.

(c) zunächst irrelevante Nebenbedingungen eliminiert werden, bevor die Berechnung
     möglicher Lösungen beginnt.

156

78. Volkszählung (DV-Algorithmen)

Die bei einer Volkszählung gewonnenen statistischen Daten können leichter perso-
nenbezogen ausgewertet werden, wenn der Rückschluß von der Fragebogennummer
auf den Befragten einfach und schnell möglich ist.

Die Namen der Befragten und die zugehörigen Nummern der Fragebogen sollen im
Computer gespeichert werden, sortiert nach Fragebogennummern. Der Computer soll
dazu eingesetzt werden, Paare (Nummer, Name) zu sortieren.

Schreiben Sie ein Programm, das es erlaubt, 100 solcher Paare einzugeben, und das
die Paare sortiert ausgibt. Gestalten Sie den Sortierteil Ihres Programms möglichst
allgemein, damit er auch für andere Zwecke verwendet werden kann. Verwenden Sie
das in der Praxis besonders bewährte Sortierverfahren Quicksort.

Lösungsweg (Array, Rekursion)

Quicksort für Folge a_k bis a_m:
Man denke sich die Folge von links nach rechts aufgeschrieben, links beginnend mit
a_k.
Falls die Folge weniger als drei Elemente enthält,

    dann bringe diese in die richtige Ordnung,

    sonst: Bestimme den mittleren der Werte a_k, $a_{succ(k)}$, a_m (median of three)
und tausche ihn nach a_k (das sogenannte Pivot-Element).
Von $a_{succ(k)}$ aus nach rechts gehend, bestimme den Index i des nächsten
Elements, dessen Wert größer ist als a_k (kurz: i:=(succ(k),rechts)).
Von a_m aus nach links gehend, bestimme den Index j des nächsten
Elements, dessen Wert nicht größer ist als a_k (kurz: j:=(m,links)).
Wiederhole, solange i noch links von j liegt:

    tausche a_i mit a_j;

    i := (i,rechts);

    j := (j,links).

Tausche a_k mit a_j;
Jetzt sind alle Folgenglieder links von Position j nicht größer als das
Pivot-Element a_j, und alle rechts von j sind größer als a_j.
Führe Quicksort aus für Folge a_k bis $a_{pred(j)}$
Führe Quicksort aus für Folge a_i bis a_m.

```
PROGRAM ordnungmussein (input, output);
CONST
   untergrenze = 1;
   obergrenze = 100;
TYPE
   indextyp = untergrenze..obergrenze;
   schluesseltyp = integer;
   basistyp = RECORD
                  info : string;
                  key : schluesseltyp (* Sortierschluessel *)
              END;
   feldtyp = ARRAY [indextyp] OF basistyp;
VAR
   feld : feldtyp;
   i : indextyp;
PROCEDURE sortiere (VAR a : feldtyp; von, bis : indextyp);
(* sortiert die Elemente von..bis im Feld a *)
   PROCEDURE tausche (VAR a : feldtyp; i, j : indextyp);
   (* tauscht a[i] mit a[j] *)
      VAR
         zwischen : basistyp;
      BEGIN
         zwischen := a [i];
         a [i] := a [j];
         a [j] := zwischen
      END (* tausche *);
   PROCEDURE laufe (a : feldtyp; VAR i, j : indextyp; k : indextyp);
   (* laeuft mit Index i bzw. j im Feld a nach rechts bzw. nach links
      gemaess Pivot-Element a[k] *)
      BEGIN
         WHILE (i <= j) AND (a [i].key <= a [k].key) DO i := succ (i);
         WHILE (i <= j) AND (a [j].key > a [k].key) DO j := pred (j)
      END (* laufe *);
   PROCEDURE kmedian (VAR a : feldtyp; k, l, m : indextyp);
   (* tauscht die Werte a[k], a[l], a[m] so, daß der Median nach a[k] kommt *)
      BEGIN
         IF a [k].key < a [l].key THEN tausche (a, k, l);
         IF a [m].key < a [k].key THEN tausche (a, m, k);
         IF a [k].key < a [l].key THEN tausche (a, k, l)
      END (* kmedian *);
```

```pascal
    PROCEDURE quicksort (VAR a : feldtyp; k, m : indextyp);
    (* sortiert Feld a von Index k bis m *)
       VAR
          i, j : indextyp;
       BEGIN
          IF k < m
             THEN (* es gibt etwas zu sortieren *)
                IF (k = pred (m))
                   THEN (* nur 2 Elemente *)
                      BEGIN
                         IF (a [k].key > a [m].key) THEN tausche (a, k, m)
                      END (* THEN *)
                   ELSE (* mindestens 3 Elemente sortieren *)
                      BEGIN
                         i := succ (k);
                         j := m;
                         kmedian (a, k, i, m);
                         laufe (a, i, j, k);
                         WHILE i < j DO
                            BEGIN
                               tausche (a, i, j);
                               laufe (a, i, j, k)
                            END (* WHILE *);
                         tausche (a, k, j);
                         quicksort (a, k, j - 1);
                         quicksort (a, i, m)
                      END (* ELSE *)
       END (* quicksort *);
    BEGIN (* sortiere *)
       writeln;
       writeln ('Bitte warten: es wird sortiert...');
       quicksort (a, von, bis);
       writeln ('Sortieren beendet.')
    END (* sortiere *);
BEGIN (* ordnungmussein *)
   (* Eingabe der Volkszaehlungsdaten *)
   writeln ('Sortierprogramm Quicksort (intern).');
   writeln ('Bitte ', 1 + obergrenze - untergrenze, ' Paare der Form',
            Fragebogennummer Name Vorname    eingeben.');
```

```
    FOR i := untergrenze TO obergrenze DO
       BEGIN
           write ('Die/der Naechste bitte --> ');
           readln (feld [i].key, feld [i].info)
       END (* FOR *);
    (* Sortieren nach Nummer *)
    sortiere (feld, untergrenze, obergrenze);
    (* Ausgabe , sortiert *)
    writeln ('Personendaten nach Fragebogennummer sortiert:');
    FOR i := untergrenze TO obergrenze DO writeln (feld [i].key : 10, feld [i].info);
    writeln ('Das war''s. Tschuess...')
END (* ordnungmussein *).
```

Bemerkungen

Ändern Sie die Prozedur *sortiere* so, daß die zu sortierenden Daten von einer Datei gelesen und die sortierten Daten auf eine Datei geschrieben werden.

79. Diplomatenkoffer (Optimierung)

Bekanntlich überprüfen Fluggesellschaften und Zoll nur das Gewicht, aber nicht den Inhalt des Gepäcks von Diplomaten. Ein ansonsten ehrenwerter Sonderbotschafter eines fernen Landes kann der Versuchung nicht widerstehen, diesen Umstand auszunutzen, um eine Reihe wertvoller Dinge in seinem Diplomatenkoffer außer Landes zu schmuggeln. Allerdings sieht er sich vor dem schwierigen Problem, aus n verschiedenen Dingen mit unterschiedlichem, positivem ganzzahligem Gewicht g_i und unterschiedlichem, positivem ganzzahligem Wert w_i, $i=1,...,n$, eine Auswahl treffen zu müssen, denn der Inhalt seines Koffers darf ein Maximalgewicht k nicht übersteigen. Er versucht also, seinen Koffer so zu packen, daß das zulässige Maximalgewicht nicht überschritten wird, der Wert der Gesamtheit aller eingepackten Objekte aber möglichst groß ist.

Sie wollen dem geplagten Herrn helfen und ihm ein Programm zur Lösung anbieten.

Lösungsweg (Schleife, Record)

Für eine genügend große Anzahl von Gegenständen ist eine exakte Lösung des Problems in angemessener Zeit nicht zu finden. Wir begnügen uns daher mit einem Näherungsverfahren, das eine gute, aber möglicherweise nicht optimale Lösung des Problems wie folgt bestimmt:

Zuerst werden die n Objekte nach ihrem relativen Wert w_i/g_i, der sogenannten Dichte, absteigend sortiert. Dann werden die Objekte in dieser Reihenfolge solange in den Koffer eingepackt, wie das Maximalgewicht k (die sogenannte Kapazität) noch nicht überschritten ist. Das bedeutet, daß in jedem Fall alle Objekte genau einmal daraufhin überprüft werden, ob sie noch in den Koffer passen oder nicht.

```
PROGRAM diplomatenkoffer (input, output);
CONST
   maxobjzahl = 100;
TYPE
   indextyp = 1..maxobjzahl;
   schluesseltyp = real;
   infotyp = RECORD
               wert, gewicht : integer;
               name : indextyp
            END;
   basistyp = RECORD
                info : infotyp;
                key : schluesseltyp (* Sortierschluessel *)
              END;
   feldtyp = ARRAY [indextyp] OF basistyp;
```

```pascal
VAR
    objekt : feldtyp;
    objektzahl, k, gsumme, wsumme, i : integer;
(* Hier: Prozedur sortiere aus Problem "Volkszaehlung" *)
BEGIN (* diplomatenkoffer *)
    write ('Kapazitaet des Diplomatenkoffers --> ');
    readln (k);
    (* Einlesen der Paare: Wert Gewicht *)
    objektzahl := 0;
    writeln ('Werte und Gewichte der Objekte eingeben. Mindestens 1 Objekt.');
    writeln ('Beenden mit CTRL-C direkt hinter letzter Eingabe.');
    REPEAT
        objektzahl := objektzahl + 1;
        WITH objekt [objektzahl], info DO
            BEGIN
                write ('Wert des ', objektzahl, '. Objekts --> ');
                readln (wert);
                write ('Gewicht des ', objektzahl, '. Objekts --> ');
                readln (gewicht);
                name := objektzahl;
                key := wert / gewicht
            END (* WITH *)
    UNTIL eof;
    sortiere (objekt, 1, objektzahl);
    (* Einpacken nach fallendem Sortierschluessel *)
    writeln ('Packe folgende Objekte ein:');
    gsumme := 0;
    wsumme := 0;
    FOR i := objektzahl DOWNTO 1 DO
        WITH objekt [i], info DO
            IF gsumme + gewicht <= k
                THEN (* einpacken *)
                    BEGIN
                        write (' ', name);
                        gsumme := gsumme + gewicht;
                        wsumme := wsumme + wert
                    END (* THEN *);
    writeln;
    IF gsumme > 0
        THEN writeln ('Die Summe der Gewichte ist ', gsumme,
                ', die Summe der Werte ', wsumme, '.')
        ELSE writeln ('keine, weil alle zu schwer sind.')
END (* diplomatenkoffer *).
```

80. Häufigkeiten (Textverarbeitung, DV-Algorithmen)

Alle Wörter eines Textes sollen sortiert und die Häufigkeiten ihres Auftretens sollen bestimmt werden.

Als Wort wird jede ununterbrochene Folge von Groß- und Kleinbuchstaben betrachtet. Außer solchen Wörtern dürfen im Text nur Leerzeichen und Zeilenende-Zeichen vorkommen. Zwei Wörter gelten als verschieden, wenn sie unterschiedlich lang sind oder sich in mindestens einem Zeichen unterscheiden. Die Großbuchstaben werden als verschieden von den entsprechenden Kleinbuchstaben angesehen; die Sortierung soll gemäß der Ordnung der Buchstaben im Zeichensatz des verwendeten Rechners erfolgen (also nicht unbedingt "a" vor "B").

Der Text soll von einer Textdatei eingelesen und die gewünschte Sortierung soll auf dem Bildschirm ausgegeben werden.

Lösungsweg (Record, Zeiger)

Die auszuwertende Textdatei muß eröffnet und hierzu ihr Name eingelesen werden. Zur Bestimmung der einzelnen Wörter der Datei wollen wir die Prozedur *abtrennen* aus Problem "Randausgleich" verwenden. Alle bis zu einem Zeitpunkt gefundenen Wörter werden in einer Liste sortiert gehalten, die am Ende ausgegeben wird. In dieser Liste tritt jedes Wort genau einmal auf, zusammen mit der Angabe der Häufigkeit seines Auftretens bis zu dem betrachteten Zeitpunkt. Um das Einfügen eines neuen Wortes an dem korrekten Platz in der Liste zu erleichtern, erstellen wir eine sogenannte "verkettete Liste".

Bei verketteten Listen hat jedes Listenelement einen Verweis auf seinen Nachfolger (man sagt, die Listenelemente "hängen" über die Verweise zusammen). Das Einfügen eines neuen Listenelements geschieht dann so, daß man es an die korrekte Stelle zwischen seinen Vorgänger und seinen Nachfolger hängt.

Bemerkungen

Es gibt viele verschiedene Möglichkeiten, die Einfügestelle in der verketteten Liste zu finden. Statt mit zwei Zeigern die Liste zu durchlaufen, könnte man auch mit einem Zeiger und "Vorausschauen mit Zurückhängen" suchen. Eine rekursive Lösung käme mit einem Zeiger aus und würde es ermöglichen, alle Fälle (Liste ist noch leer, am Anfang, inmitten oder am Ende der Liste einfügen) einheitlich zu behandeln.

Man ändere das Programm so, daß

(a) die Liste mit "Vorausschauen und Zurückhängen" aufgebaut wird.

(b) das Einfügen rekursiv geschieht.

(c) Groß- bzw. Kleinbuchstaben bezüglich der Sortierung als gleich angesehen werden (also "a" vor "B" und "A" vor "b").

```
PROGRAM haeufigkeiten (input, output);
TYPE
   elementzeiger = ^element;
   element = RECORD
                wort : string;
                haeufigkeit : integer;
                naechster : elementzeiger
             END;
VAR
   eingabe : text;
   dateiname, zeile, wort : string;
   anfang : elementzeiger;
(* Hier: Prozedur abtrennen aus Programm "Randausgleich" *)
PROCEDURE einfuegen (VAR anfang : elementzeiger; wort : string);
(* fuegt wort in die durch anfang gegebene verkettete Liste ein *)
   VAR
      neuelement, p, q : elementzeiger;
      lage : (unklar, vorne, zwischen, schonda);
   BEGIN (* Ermittle Listenposition fuer gegebenes Wort *)
      lage := unklar;
      q := anfang;
      IF anfang = NIL THEN lage := vorne
      ELSE IF q^.wort > wort THEN lage := vorne
      ELSE IF q^.wort = wort THEN lage := schonda
      ELSE
         WHILE lage = unklar DO
            BEGIN
               p := q;
               q := q^.naechster;
               IF q = NIL THEN lage := zwischen
               ELSE IF q^.wort = wort THEN lage := schonda
               ELSE IF q^.wort > wort THEN lage := zwischen
            END (* WHILE *);
      (* Veraendere Liste gemaess ermittelter Lage *)
      IF lage = schonda
         THEN q^.haeufigkeit := q^.haeufigkeit + 1
         ELSE
            BEGIN
               new (neuelement);
               neuelement^.wort := wort;
               neuelement^.haeufigkeit := 1;
```

```
                neuelement^.naechster := q;
                IF lage = vorne
                    THEN anfang := neuelement
                    ELSE p^.naechster := neuelement
            END (* ELSE *)
    END (* einfuegen *);
PROCEDURE ausgeben (anfang : elementzeiger);
(* gibt die verkettete Liste von anfang an aus *)
    BEGIN
        WHILE anfang <> NIL DO
            BEGIN
                writeln (anfang^.wort, '   ', anfang^.haeufigkeit);
                anfang := anfang^.naechster
            END (* WHILE *)
    END (* ausgeben *);
BEGIN (* haeufigkeiten *)
    write ('Geben Sie bitte den Namen einer vorhandenen Textdatei an --> ');
    readln (dateiname);
    reset (eingabe, dateiname);
    anfang := NIL;
    WHILE NOT eof (eingabe) DO
        BEGIN
            readln (eingabe, zeile);
            abtrennen (wort, zeile);
            WHILE length (wort) > 0 DO
                BEGIN
                    einfuegen (anfang, wort);
                    abtrennen (wort, zeile)
                END (* WHILE *)
        END (* WHILE *);
    ausgeben (anfang)
END (* haeufigkeiten *).
```

81. Entfernungstabelle erstellen (Alltagsprobleme)

Herr Händler vertreibt einen bekannten Markenartikel in der gesamten Bundesrepublik. Er ist daher zwischen vielen großen Städten unterwegs. Um seine Reisekosten- abrechnung zu erleichtern, möchte er sich eine Datei anlegen, in der sämtliche Entfernungen zwischen allen von ihm besuchten Städten abgelegt sind. Diese Entfernungen (auf der Straße in ganzen km) übernimmt er ein für alle Mal aus einem Autoatlas. Später will er die Entfernung zwischen zwei beliebigen Orten abfragen können.
Helfen Sie Herrn Händler durch ein Programm, das die Eingabe der Städte erlaubt, ihn nach allen Entfernungen fragt und diese abspeichert. Sehen Sie für die Möglichkeit des späteren gezielten Abfragens von Entfernungen bereits jetzt eine geeignete Stelle im Programm vor.

Lösungsweg (Ein-/Ausgabe, Record)

Die Entfernungstabelle wird als externe Datei unter einem vom Benutzer zu wählenden Namen angelegt. Nach jeder Eingabe eines weiteren, neuen Ortes wird dessen Entfernung zu allen bereits vorher eingegebenen Orten abgefragt und jedesmal ein Eintrag in der Entfernungstabelle abgelegt.

```pascal
PROGRAM tabelleerstellen (input, output);
CONST
   laenge = 15; (* max. Laenge eines Ortsnamens *)
   maxortszahl = 50;
TYPE
   kurzstring = string [laenge];
   ortsentfernung = RECORD
                        ort1, ort2 : kurzstring;
                        dist : integer
                     END;
   entfernungstabelle = FILE OF ortsentfernung;
VAR
   e : entfernungstabelle;
   name : kurzstring;
   ch : char;
PROCEDURE erstellen (VAR e : entfernungstabelle; VAR name : kurzstring);
(* erstellt Entfernungstabelle e *)
   VAR
      ortsliste : ARRAY [1..maxortszahl] OF kurzstring;
      i, letzter, entfernung : integer;
      ch : char;
   BEGIN
      writeln ('Erstellen einer Tabelle fuer Entfernungen zwischen Orten.');
      write ('Name der Entfernungstabelle --> ');
      readln (name);
      rewrite (e, name);
      letzter := 0;
      REPEAT (* praesentiere Menuezeile und verarbeite Eingabe *)
         gotoxy (0, 0); (* erhalte den Bildschirminhalt *)
         write ('Definition der Tabelle: N(aechster Ortsname, E(nde ');
         read (ch);
         page (output); (* loesche den Bildschirminhalt *)
         writeln; (* Platz fuer spaetere Menuezeile *)
         writeln;
         IF ch IN ['N', 'n']
           THEN
               BEGIN (* Neudefinition eines Orts *)
                  write ('Naechster Ort --> ');
                  letzter := letzter + 1;
                  readln (ortsliste [letzter]);
                  FOR i := 1 TO letzter - 1 DO
```

```pascal
                BEGIN (* Entfernung fuer Paar (letzter, i) von Orten *)
                  write ('Entfernung zwischen ', ortsliste [letzter],
                       ' und ', ortsliste [i], ' --> ');
                  readln (entfernung);
                  e^.ort1 := ortsliste [letzter];
                  e^.ort2 := ortsliste [i];
                  e^.dist := entfernung;
                  put (e)
                END (* FOR *)
            END (* THEN *)
      UNTIL ch IN ['E', 'e'];
      writeln;
      IF letzter > 0
         THEN (* mindestens ein Eintrag in e *)
            BEGIN
              close (e, lock);
              writeln ('Entfernungstabelle mit ', letzter, ' Eintraegen erstellt.')
            END (* THEN *)
         ELSE writeln ('Tabelle ', name, ' ohne Eintraege: nicht angelegt.')
   END (* erstellen *);
PROCEDURE abfragen (VAR e : entfernungstabelle; VAR name : kurzstring);
   BEGIN
      write ('Abfragen derzeit nicht möglich.')
   END (* abfragen *);
BEGIN (* tabelleerstellen *)
   name := '';
   REPEAT (* praesentiere Menue und akzeptiere Auswahl *)
      gotoxy (0, 0); (* erhalte den Bildschirminhalt *)
      write ('Aktion: D(efinieren der Tabelle, A(bfragen der Tabelle, E(nde');
      read (ch);
      page (output); (* loesche den Bildschirminhalt *)
      writeln; (* Platz fuer spaetere Menuezeile *)
      writeln;
      IF ch IN ['D', 'd']
         THEN erstellen (e, name)
         ELSE IF ch IN ['A', 'a'] THEN abfragen (e, name)
   UNTIL ch IN ['E', 'e'];
   write ('Das war''s. Tschuess...')
END (* tabelleerstellen *).
```

82. Entfernungstabelle (Alltagsprobleme)

Erweitern Sie Ihre Lösung zum Problem "Entfernungstabelle erstellen" um die Möglichkeit des gezielten Abfragens einer Entfernung zwischen zwei Städten. Das Abfragen und das Erstellen von Entfernungstabellen soll in beliebigem Wechsel und beliebig oft möglich sein.

Lösungsweg (Ein-/Ausgabe, Record)

Zunächst wird die Datei unter dem angegebenen bzw. anzugebenden Namen eröffnet. Anschließend wird sequentiell nach dem Städtepaar gesucht. Bei erfolgreicher Suche wird die gefundene Entfernung gemeldet, andernfalls wird eine entsprechende Nachricht ausgegeben.

Bemerkungen

Modifizieren Sie Ihr Programm so, daß

(a) auch Änderungen und Löschungen von Einträgen möglich werden.

(b) für eine bereits angelegte Entfernungstabelle, die als externe Datei unter einem bestimmten Namen vorliegt, Abfragen, Änderungen, Ergänzungen und Löschungen erlaubt sind.

```pascal
PROGRAM tabelle (input, output);
(* Hier: Konstanten- und Typdefinition, Variablendeklaration und
   Prozedur erstellen aus Programm "Tabelleerstellen" *)
PROCEDURE abfragen (VAR e : entfernungstabelle; VAR name : kurzstring);
(* erlaubt das Abfragen von e *)
   VAR
      dieser, jener : kurzstring;
      gefunden : boolean;
   BEGIN
     IF name = ''
        THEN (* Entfernungstabelle nicht im selben Programmlauf erstellt *)
           BEGIN
              write ('Name der abzufragenden Entfernungstabelle --> ');
              readln (name)
           END (* THEN *);
     reset (e, name);
     gefunden := false;
     (* Abfragen der Entfernung *)
     writeln ('Abfragen der Entfernung zwischen zwei Orten.');
     write ('Der erste Ort --> ');
     readln (dieser);
     write ('Der zweite Ort --> ');
     readln (jener);
     WHILE NOT (eof (e) OR gefunden) DO
        BEGIN (* suche Paar (dieser, jener) von Orten in e *)
           IF (e^.ort1 = dieser) AND (e^.ort2 = jener) OR (e^.ort2 = dieser)
              AND (e^.ort1 = jener)
              THEN (* Paar gefunden *)
                 BEGIN
                    gefunden := true;
                    writeln ('Die Entfernung zwischen ', dieser, ' und ',
                       jener, ' betraegt ', e^.dist, '.')
                 END (* THEN *)
              ELSE get (e)
        END (* WHILE *);
     IF NOT gefunden THEN writeln ('Die Tabelle enthaelt dafuer keinen Eintrag.');
     close (e)
   END (* abfragen *);
(* Hier: Anweisungsteil aus Programm "Tabelleerstellen" *)
```

83. <u>Rundreise</u> (Optimierung)

Gegeben sei eine Menge von n Orten und zu je zwei Orten i und j eine ganzzahlige Entfernung zwischen i und j. (Gleiche Entfernungen sind zugelassen.) Gesucht ist eine möglichst kurze Tour, die alle Orte miteinander verbindet. Eine Tour wird beschrieben durch eine Liste sämtlicher Orte, die angibt, in welcher Reihenfolge die Orte besucht werden. Die Länge der Tour ist die Summe aller Entfernungen zwischen dem ersten und zweiten Ort, dem zweiten und dritten Ort usw. bis zur Entfernung zwischen dem letzten Ort der Liste und dem ersten Ort.

Die Entfernungen zwischen je zwei Orten sollen aus einer Entfernungstabelle entnommen werden, die als externe Datei unter einem gegebenen Namen vorliegt und wie im Problem "Entfernungstabelle" aufgestellt wurde.

<u>Lösungsweg</u> (Schleife, File)

Man kann zeigen, daß die Bestimmung einer exakten Lösung des Problems für sehr viele Orte sehr lange dauert. Wir geben uns daher damit zufrieden, eine Näherungslösung nach folgender Faustregel (Greedy-Heuristik) zu bestimmen:

Wähle einen beliebigen Ort als ersten Ort der Tour. Dann gehe jeweils vom letzten besuchten Ort zum nächstliegenden, noch nicht besuchten Ort solange, bis alle Orte besucht sind, und kehre am Schluß zum ersten Ort zurück.

Um zur Bestimmung der Entfernung zwischen je zwei Orten nicht jedesmal die ganze Entfernungstabelle durchsuchen zu müssen, wird zunächst für die zu besuchenden n Orte eine Entfernungsmatrix aufgestellt, die dann im weiteren Verlauf benutzt wird.

```pascal
PROGRAM rundreise (input, output);
(* Konstanten und Typen wie bei Problem "Entfernungstabelle" mit Zusatz: *)
   ortsbereich = 1..maxortszahl;
   orlityp = ARRAY [ortsbereich] OF kurzstring;
   distyp = ARRAY [ortsbereich, ortsbereich] OF integer;
VAR
   ortsliste : orlityp;
   distanzen : distyp;
   besucht : ARRAY [ortsbereich] OF boolean;
   gesamt, i, j, letzter, dist, hier, dort : integer;
PROCEDURE erstellen (VAR ortsliste : orlityp; VAR letzter : integer);
(* erstellt Ortsliste *)
   VAR
      ch : char;
   BEGIN
      letzter := 0;
      REPEAT (* praesentiere Menuezeile und erlaube Auswahl *)
         gotoxy (0, 0); (* erhalte den Bildschirminhalt *)
         write ('Liste zu verbindender Orte: N(aechster Ortsname, E(nde ');
         read (ch);
         page (output); (* loesche den Bildschirminhalt *)
         writeln; (* Platz fuer spaetere Menuezeile *)
         writeln;
         IF ch IN ['N', 'n']
            THEN
               BEGIN
                  write ('Naechster Ort --> ');
                  letzter := letzter + 1;
                  readln (ortsliste [letzter]);
               END (* THEN *)
      UNTIL ch IN ['E', 'e'];
      writeln;
      writeln ('Ortsliste mit ', letzter, ' Orten erstellt.')
   END (* erstellen *);
PROCEDURE matrixaufstellen (ortsliste : orlityp; letzter : integer;
      VAR distanzen : distyp);
(* stellt Matrix der Distanzen der Orte auf *)
   VAR
      i, j : integer;
      name : kurzstring;
      e : entfernungstabelle;
```

172

```
BEGIN
    writeln ('Die Entfernungen zwischen Orten werden einer Tabelle entnommen.');
    write ('Name der Entfernungstabelle --> ');
    readln (name);
    reset (e, name);
    write ('Es wird gelesen');
    WHILE NOT eof (e) DO
        BEGIN
            FOR i := 1 TO letzter DO
                FOR j := 1 TO letzter DO
                    IF (e^.ort1 = ortsliste [i]) AND (e^.ort2 = ortsliste [j])
                        THEN
                            BEGIN
                                distanzen [i, j] := e^.dist;
                                distanzen [j, i] := e^.dist
                            END (* THEN *);
            write ('.');
            get (e)
        END (* WHILE *);
    close (e);
    writeln;
    writeln ('Distanzmatrix aus Entfernungstabelle ', name, ' aufgestellt.')
END (* matrixaufstellen *);
BEGIN (* rundreise *)
    erstellen (ortsliste, letzter);
    matrixaufstellen (ortsliste, letzter, distanzen);
    (* Initialisierung noch nicht besuchter Orte *)
    FOR i := 1 TO letzter DO besucht [i] := false;
    (* waehle ersten Ort als Start der Tour *)
    hier := 1;
    besucht [hier] := true;
    writeln ('Der erste besuchte Ort ist ', ortsliste [hier]);
    gesamt := 0; (* ermittle die gesamte zurueckgelegte Entfernung *)
    FOR i := 2 TO letzter DO
        BEGIN (* gehe von hier zum jeweils naechsten Ort *)
            dist := maxint;
            (* es ist noch ein nicht besuchter Ort uebrig *)
            FOR j := 1 TO letzter DO
                IF NOT besucht [j] THEN
                    IF distanzen [hier, j] < dist
                        THEN
                            BEGIN
```

```
                dist := distanzen [hier, j];
                dort := j
                END (* THEN *);
        writeln ('Gehe von Ort ', ortsliste [hier], ' nach Ort ',
            ortsliste [dort], '; das macht ', dist, ' km.');
        gesamt := gesamt + dist;
        besucht [dort] := true;
        hier := dort
      END (* FOR *);
  dist := distanzen [hier, 1];
  writeln ('Gehe von Ort ', ortsliste [hier], ' zurueck zu Ort ',
      ortsliste [1], '; das macht ', dist, ' km.');
  gesamt := gesamt + dist;
  write ('Insgesamt wurden ', gesamt, ' km zurueckgelegt. Genug fuer heute...')
END (* rundreise *).
```

Bemerkungen

Ergänzen Sie das Programm so, daß

(a) überprüft wird, ob die Entfernungsmatrix für jedes Paar von Orten auch einen Eintrag enthält.

(b) statt einzeln anzugebender Orte auch alle Orte in der Entfernungstabelle gewählt werden können.

(c) innerhalb eines Menüs die Definition und Änderung von Entfernungstabellen und das Berechnen optimaler Touren im beliebigen Wechsel möglich ist.

84. Verkabelung (Optimierung)

Die Bundespost möchte mehrere Orte durch neu zu verlegende Kabel miteinander vernetzen. Jeder Ort soll von jedem anderen Ort aus (unter Umständen über Umwege) erreichbar sein; es sollen aber keine überflüssigen Kabel verlegt werden. Die Post möchte nun eine möglichst kostengünstige Vernetzung schaffen, d.h. eine mit möglichst geringer Gesamtlänge.

Es soll ein Programm geschrieben werden, das zu einer gegebenen Liste von miteinander zu vernetzenden Orten ein solches Netz ermittelt. Dabei wird angenommen, daß für jedes Paar von Orten die Entfernung zwischen diesen Orten bekannt ist.

Lösungsweg (Schleife)

Bei der genannten Aufgabe handelt es sich um ein klassisches Problem aus der Graphentheorie: Zu einem gegebenen, vollständigen, ungerichteten, gewichteten Graphen soll ein minimaler spannender Baum konstruiert werden. Das hier angegebene Programm basiert auf folgendem Lösungsverfahren: Man wählt einen beliebigen Ort als ersten betrachteten aus und wählt dann immer wieder eine kürzeste Verbindung aus, die einen bereits betrachteten Ort mit einem noch nicht betrachteten verbindet. Um das möglichst schnell durchführen zu können, merkt man sich stets zu jedem noch nicht betrachteten Ort eine kürzeste Verbindung zu einem bereits betrachteten.

Bevor nach dieser Methode verfahren wird, wird zunächst wie beim Problem "Rundreise" eine Entfernungsmatrix für die zu vernetzenden Orte aufgestellt. Die Entfernung zwischen je zwei Orten wird einer Entfernungstabelle entnommen, die wie in Problem "Entfernungstabelle" erstellt wurde.

```
PROGRAM verkabelung (input, output);
(* Hier: Konstanten- und Typenvereinbarung wie bei Problem "Rundreise" *)
VAR
    ortsliste : orltyp;
    distanzen : distyp;
    kuerzeste, naechster : ARRAY [ortsbereich] OF integer;
    min, letzter, i, j, k, gesamt : integer;
(* Hier: Prozedur erstellen aus Problem "Rundreise", jedoch mit
    Meldung zu 'vernetzender' statt 'verbindender' Orte im Menu *)
(* Hier: Prozedur matrixaufstellen aus Problem "Rundreise" *)
```

```
BEGIN (* verkabelung *)
   erstellen (ortsliste, letzter);
   matrixaufstellen (ortsliste, letzter, distanzen);
   gesamt := 0; (* Gesamtlaenge der Vernetzung *)
   (* Bestimmung des minimalen spannenden Baumes *)
   FOR i := 2 TO letzter DO (* Ort 1 ist erster betrachteter Ort *)
      BEGIN
         kuerzeste [i] := distanzen [1, i];
         naechster [i] := 1
      END (* FOR *);
   FOR i := 2 TO letzter DO (* bestimme kuerzeste Verbindung *)
      BEGIN
         min := kuerzeste [i];
         k := i;
         FOR j := 2 TO letzter DO
            IF kuerzeste [j] < min
               THEN
                  BEGIN
                     min := kuerzeste [j];
                     k := j
                  END (* THEN *);
         writeln ('Verbinde die Orte ', ortsliste [k], ' und ',
            ortsliste [naechster [k]], '; das sind ', min, ' km.');
         gesamt := gesamt + min;
         kuerzeste [k] := maxint;
         (* Ort k ist jetzt betrachtet *)
         FOR j := 2 TO letzter DO (* adjustiere kuerzeste Entfernungen *)
            IF (distanzen [k, j] < kuerzeste [j]) AND (kuerzeste [j] < maxint)
               THEN
                  BEGIN
                     kuerzeste [j] := distanzen [k, i];
                     naechster [j] := k
                  END (* THEN *)
      END (* FOR *);
   writeln ('Die Vernetzung ist komplett. Benoetigte Laenge : ', gesamt, ' km.')
END (* verkabelung *).
```

85. Josephsspiel (DV-Algorithmen)

Der jüdische Geschichtsschreiber Flavius Josephus berichtet, daß er zusammen mit 40
anderen Juden in einen Keller geflüchtet sei, als die Römer eine jüdische Stadt
eroberten. Um dem Feind nicht in die Hände zu fallen, wollten sie sich gegenseitig
selbst umbringen. Josephus war dagegen, konnte die anderen jedoch nicht umstimmen.
Um dem Tod zu entgehen, schlug er vor, man solle sich im Kreis aufstellen und
abzählen: jeder Dritte solle auf der Stelle umgebracht werden. Sein Vorschlag wurde
akzeptiert, und Josephus stellte sich natürlich so in den Kreis, daß er als letzter übrig
und damit am Leben blieb.

Helfen Sie Josephus, die geeignete Stelle im Kreis zu finden, indem Sie ein Programm
schreiben, das zu einer einzugebenden Folge von Namen der im Kreis stehenden
Männer, beginnend mit demjenigen, der beim Abzählen anfängt, jeden Dritten entfernt
und den Übriggebliebenen nennt. Formulieren Sie Ihr Programm so allgemein, daß statt
jedes Dritten jeder k-te (für anzugebendes k) entfernt wird.

Lösungsweg (Schleife, Record, Zeiger)

Eine lineare, verkettete Liste wird beim Einlesen der Namen sukzessive durch
Anhängen ans Ende aufgebaut. Sobald alle Namen gelesen sind, wird das Listenende
mit dem Listenanfang zyklisch verbunden. Dann wird, für anzugebendes k, jeder k-te
Eintrag aus der Liste entfernt und zur Kontrolle ausgegeben. Sobald die Liste nur noch
aus einem Eintrag besteht, ist dies der Übrigbleibende.

```
PROGRAM josephus (input, output);
CONST
   leer = '';
TYPE
   zeiger = ^element;
   element = RECORD
                name : string;
                naechster : zeiger
             END;
VAR
   anfang, ende, p : zeiger;
   name : string;
   i, j : integer;
```

```pascal
BEGIN
    (* Einlesen der Namen *)
    writeln ('Bitte Namen der im Kreis aufgestellten Personen eingeben,');
    writeln ('in zyklischer Reihenfolge, beginnend beim ersten. Jeweils');
    writeln ('abschicken mit RETURN; Leerzeile nach dem letzten Namen --> ');
    readln (name); (* Annahme: mindestens 1 Name *)
    new (ende);
    anfang := ende;
    ende^.name := name;
    readln (name);
    WHILE name <> leer DO
        BEGIN (* haenge gelesenen Namen ans Listenende *)
            new (ende^.naechster);
            ende := ende^.naechster;
            ende^.name := name;
            readln (name)
        END (* WHILE *);
    ende^.naechster := anfang;
    (* Auszaehlen *)
    writeln ('Das Auszaehlen beginnt.');
    REPEAT
        write ('Jeder wievielte faellt raus (>= 2) --> ');
        readln (i)
    UNTIL i >= 2;
    p := anfang;
    WHILE p <> p^.naechster DO
        BEGIN (* entferne naechsten Kandidaten *)
            FOR j := 1 TO (i - 2) DO p := p^.naechster;
            writeln ('Entfernt: ', p^.naechster^.name);
            p^.naechster := p^.naechster^.naechster;
            p := p^.naechster
        END (* WHILE *);
    writeln ('Uebrig bleibt ', p^.name, '...')
END (* josephus *).
```

86. Grand Prix (DV-Algorithmen)

Der Grand Prix de Programmation wird alljährlich für das beste Pascal-Programm vergeben. Eine Jury vergibt für jedes eingereichte Programm Punkte. Je mehr Punkte ein Programm erhält, desto besser ist es. Schreiben Sie ein (gewinnverdächtiges) Programm, das eine Rangfolge der eingereichten Programme aufstellt, indem es nach den Punktangaben der Jury sortiert.

Jede der (unbekannt vielen) Angaben der Jury soll als Paar von Name des Teilnehmers und Punktzahl eingegeben werden. Nach der Sortierung soll eine Rangliste der Teilnehmer mit zugehöriger Punktzahl ausgegeben werden. Punktzahlen sollen stets positive ganze Zahlen sein.

Lösungsweg (Record, Prozedur, Rekursion, Zeiger)

Im Unterschied zu den in vorangegangenen Problemen beim Sortieren verwendeten Datenstrukturen wollen wir diesmal eine nichtlinear verkettete Struktur, den binären Baum, zur Sortierung einsetzen.

Ein binärer Baum ist eine Menge von Datenelementen (Knoten). Zu jedem Knoten gehören zwei Verweise, die auf andere Knoten zeigen können. Der Baum wird leer genannt, wenn er aus keinem Knoten besteht. Für jeden nicht leeren Baum gilt:

1. Es gibt genau einen Knoten, auf den kein Verweis zeigt (die Wurzel).
2. Auf jeden anderen Knoten zeigt genau ein Verweis.
3. Jeder Knoten im Baum ist (über eine geeignete Folge von Verweisen) von der Wurzel aus erreichbar.

Zur Unterscheidung der beiden Verweise eines Knotens nennen wir den einen linken, den andern rechten Verweis. Zeigt der linke (rechte) Verweis eines Knotens K auf einen Knoten K', so nennen wir K' linken (rechten) Sohn von K. K nennen wir Vater von K'. Die Menge aller Knoten, die von K' aus erreichbar sind (einschließlich K' selbst) bezeichnen wir als linken (rechten) Teilbaum von K; K' wird als Wurzel dieses Teilbaums bezeichnet.

Wir nennen den Baum sortiert, wenn für jeden Knoten K des Baums gilt: Alle Datenelemente im linken Teilbaum von K kommen in der Sortierreihenfolge vor dem Datenelement K, und dieses kommt vor allen Datenelementen im rechten Teilbaum von K.

Wir haben den Zugriff auf den Baum so gestaltet, daß ein statisch vereinbarter Zeiger auf die Wurzel des Baumes zeigt, falls dieser nicht leer ist.

Ein Beispiel für einen sortierten binären Baum ist unten graphisch dargestellt.

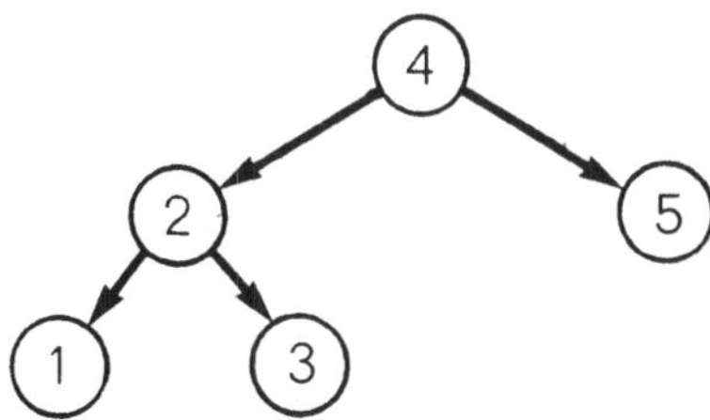

Das Sortieren der Grand-Prix-Teilnehmerdaten erfolgt nun durch fortgesetztes Hinzufügen eines neuen Knotens zum (anfangs leeren) Baum. Ausgehend von der Wurzel folgt man bei jedem Knoten K dem linken (rechten) Verweis, wenn das neue Datenelement in der Sortierreihenfolge vor (nach) demjenigen von K kommt. Das macht man solange, bis ein Verweis, dem man folgen soll, auf nichts mehr zeigt: an diesen Verweis hängt man den neuen Knoten an.

Nachdem alle Einträge im Baum gemacht sind, erhält man diese in absteigend sortierter Reihenfolge, indem man sie nach folgendem Verfahren ausgibt:

Wenn der Baum nicht leer ist, dann gibt man
1. alle Einträge im rechten Teilbaum der Wurzel nach diesem Verfahren aus,
2. den Eintrag an der Wurzel aus,
3. alle Einträge im linken Teilbaum der Wurzel nach diesem Verfahren aus.

Dieses Besuchen aller Knoten des Baums nennt man auch Durchlaufen des Baums in (umgekehrter) symmetrischer Reihenfolge.

```pascal
PROGRAM grandprix (input, output);
TYPE
   knotenzeiger = ^knoten;
   knoten = RECORD
                 teilnehmer : string;
                 punktzahl : integer;
                 links, rechts : knotenzeiger
            END;
VAR
   wurzelzeiger, aktuell : knotenzeiger;
PROCEDURE einfuegen (VAR aktuell : knotenzeiger; VAR neuerknoten : knoten);
(* fuegt neuen Knoten im Teilbaum ab aktuell ein *)
   BEGIN
      IF aktuell = NIL
         THEN (* haenge neuen Knoten an *)
            BEGIN
               new (aktuell);
               aktuell^ := neuerknoten
            END (* THEN *)
         ELSE (* suche im Teilbaum weiter nach Einfuegestelle *)
            IF neuerknoten.punktzahl <= aktuell^.punktzahl
               THEN einfuegen (aktuell^.links, neuerknoten)
               ELSE einfuegen (aktuell^.rechts, neuerknoten)
   END (* einfuegen *);
PROCEDURE baumaufbau (VAR wurzelzeiger : knotenzeiger);
(* baut sortierten Baum aus eingelesenen Daten auf *)
   VAR
      neuerknoten : knoten;
   BEGIN
      wurzelzeiger := NIL;
      (* Einlesen der Daten *)
      writeln ('Geben Sie jetzt Teilnehmer und Punktzahl auf Anforderung ein.');
      writeln ('RETURN fuer den Teilnehmer beendet die Eingabe.');
      write ('Teilnehmer --> ');
      readln (neuerknoten.teilnehmer);
      WHILE neuerknoten.teilnehmer <> '' DO
         BEGIN
            write ('Punktzahl fuer ', neuerknoten.teilnehmer, ' --> ');
            readln (neuerknoten.punktzahl);
            neuerknoten.links := NIL;
            neuerknoten.rechts := NIL;
```

```
            (* neuer Knoten ist einzufuegen *)
            einfuegen (wurzelzeiger, neuerknoten);
            write ('Teilnehmer --> ');
            readln (neuerknoten.teilnehmer)
         END (* WHILE *);
      writeln;
      writeln ('Der Aufbau des Baums ist beendet.')
   END (* baumaufbau *);
PROCEDURE besuchen (aktuell : knotenzeiger);
(* besucht alle Knoten des Teilbaums ab aktuell in absteigender symmetrischer
   Reihenfolge und gibt ihre Inhalte aus *)
   BEGIN
      IF aktuell <> NIL
         THEN
            BEGIN
               besuchen (aktuell^.rechts);
               writeln (aktuell^.punktzahl : 7, ' Punkt(e) fuer ', aktuell^.teilnehmer);
               besuchen (aktuell^.links)
            END (* THEN *)
   END (* besuchen *);
BEGIN (* grandprix *)
   baumaufbau (wurzelzeiger);
   writeln;
   writeln ('Die Rangliste der Grand-Prix-Teilnehmer :');
   besuchen (wurzelzeiger);
   writeln;
   write ('Tschuess, das war''s...')
END (* grandprix *).
```

Bemerkungen

Binärbäume werden verketteten Listen häufig vorgezogen, weil bei dieser Organisation
die Suche nach bestimmten Elementen im Mittel schneller geht, wenn das Mittel über
alle möglichen Anordnungen gebildet wird. Überlegen Sie sich dies an einem Beispiel.

Versuchen Sie das Programm abzuändern, so daß es keine Rekursion verwendet.

Ändern Sie ferner die Lösung zum Problem "Häufigkeiten" so, daß dort ein binärer
Baum benutzt wird.

87. Zeigerrotation (DV-Algorithmen)

Ein binärer Baum (vgl. Problem "Grand Prix") sei durch einen Zeiger auf die Wurzel gegeben. Von jedem Knoten des Baumes sollen drei Zeiger ausgehen: ein erster Zeiger zum linken Sohn, ein zweiter Zeiger zum rechten Sohn und ein dritter (Hilfs-) Zeiger zum Vater. Der Zeiger zum Vater des Wurzelknotens weise auf einen bedeutungslosen (Dummy-) Knoten.

Der Baum soll durchlaufen werden, indem man, beginnend bei der Wurzel, an seinen Knoten, gewissermaßen außen, entgegen dem Uhrzeigersinn entlangläuft. Jedesmal, wenn dabei ein Knoten besucht wird, soll sein Wert ausgegeben werden.

Beispiel:

Jeder Knoten wird also genau dreimal besucht und jeder Knotenwert genau dreimal ausgegeben. Man erhält die Werte der Knoten in Hauptreihenfolge, wenn man den Wert eines Knotens jeweils nur beim ersten Besuch ausgibt. Entsprechend erhält man die Werte in symmetrischer Reihenfolge bzw. Nebenreihenfolge, wenn man die Werte nur jeweils beim zweiten bzw. dritten Besuch ausgibt.

Lösungsweg (Record, Zeiger)

Beginnend bei der Wurzel folgt man stets dem ersten einen Knoten verlassenden Zeiger (zum linken Sohn) und vertauscht die Zeiger nach Verlassen des Knotens zyklisch um eine Position. Das Verfahren bricht ab, wenn man die Wurzel zum Dummy-Knoten verlassen hat.

```pascal
PROGRAM zeigerrotation (input, output);
TYPE
   zeiger = ^knoten;
   knoten = RECORD
                info : integer;
                linker, rechter, vater : zeiger
             END;
VAR
   aktueller, wurzel, dummy, naechster : zeiger;
PROCEDURE baumaufbau (VAR wurzel, dummy : zeiger);
(* baut einen Baum mit Vater-Verweisen zu einer einzulesenden Folge von
   Schluesseln auf und liefert einen Zeiger auf dessen Wurzel ab *)
   VAR
      info : integer;
   PROCEDURE einfuegen (VAR aktueller, aktvater : zeiger; VAR info : integer);
   (* fuegt einen neuen Knoten mit info im Teilbaum mit Wurzel aktueller ein *)
      BEGIN
         IF aktueller = NIL
            THEN
               BEGIN
                  new (aktueller);
                  aktueller^.vater := aktvater;
                  aktueller^.linker := NIL;
                  aktueller^.rechter := NIL;
                  aktueller^.info := info
               END (* THEN *)
            ELSE
               IF info < aktueller^.info
                  THEN einfuegen (aktueller^.linker, aktueller, info)
                  ELSE einfuegen (aktueller^.rechter, aktueller, info)
      END (* einfuegen *);
   BEGIN (* baumaufbau *)
      writeln ('Baumaufbau. Bitte beliebig viele ganze Zahlen eingeben und ');
      writeln ('mit CTRL-C unmittelbar hinter der letzten Zahl beenden.');
      wurzel := NIL;
      write ('--> ');
      readln (info);
      WHILE NOT eof DO
         BEGIN
            einfuegen (wurzel, wurzel, info);
            write ('--> ');
```

```
            readln (info)
          END (* WHILE *);
      new (dummy);
      wurzel^.vater := dummy;
      writeln;
      writeln ('Baumaufbau beendet.')
    END (* baumaufbau *);
PROCEDURE rotiere (VAR p : zeiger);
(* vertauscht die Zeiger des Knotens p^ zyklisch um eine Position *)
    VAR
       q : zeiger;
    BEGIN
       q := p^.linker;
       p^.linker := p^.rechter;
       p^.rechter := p^.vater;
       p^.vater := q
    END (* rotiere *);
BEGIN (* zeigerrotation *)
    (* Aufbau des Baums incl. Einlesen der info-Werte *)
    baumaufbau (wurzel, dummy);
    aktueller := wurzel;
    writeln ('Besuchsfolge:');
    (* Besuchen aller Knoten des Baums *)
    WHILE aktueller <> dummy DO
       BEGIN
          write (aktueller^.info, ' ');
          naechster := aktueller^.linker;
          rotiere (aktueller);
          IF naechster <> NIL THEN aktueller := naechster
       END (* WHILE *)
END (* zeigerrotation *).
```

Bemerkungen

Dieses Verfahren zum Durchlaufen eines Baumes heißt Lindstrøm-Scan.

Modifizieren Sie die Lösung so, daß die Werte der Knoten in

(a) Hauptreihenfolge ausgegeben werden.

(b) Nebenreihenfolge ausgegeben werden.

88. Fallstudie Telefonverzeichnis: Ausgabe des Telefonverzeichnisses (Alltagsprobleme)

Sie haben Ihr persönliches Telefonverzeichnis mit den Daten Name, Vorname, Straße, Wohnort, Telefonnummer als externe sequentielle Datei gespeichert. Auf lange Sicht wollen Sie ein komfortables Dateiverwaltungsprogramm schreiben, das Ihnen erlaubt, neue Einträge hinten ans Verzeichnis anzufügen, die hinteren Einträge zu löschen, Einträge zu ändern und das ganze Verzeichnis anzuschauen. Zunächst jedoch wollen Sie nur das Anschauen des ganzen Verzeichnisses realisieren.

Schreiben Sie Ihr Programm für diesen Zweck so, daß Sie in einer Menüsteuerung bereits unter allen Möglichkeiten wählen können, bei den nicht realisierten Möglichkeiten dann allerdings lediglich eine passende Antwort erhalten. Gehen Sie davon aus, daß Ihr Telefonverzeichnis bereits vorliegt.

Lösungsweg

Jede der im Menü ansteuerbaren Aktionen ist als eigene Prozedur realisiert, so daß die Menü-Prozedur selbst nur die Anfrage nach der Auswahl einer Aktion und den Aufruf der entsprechenden Prozedur ausführt. Die Prozeduren für noch nicht implementierte Aktionen sind vorerst parameterlos und teilen lediglich dem Programmbenutzer ihre (Nicht-) Existenz mit. Das Eröffnen und Schließen der Datei für das Verzeichnis erfolgt vor Beginn und nach Ende der Menü-Wiederholung. Die Ausgabe des Verzeichnisses geschieht rein sequentiell, bis zur Dateiende-Markierung. Eine Fehlerprüfung bei der Dateizuordnung findet nicht statt. Diese Lösung ist als Basis für spätere, robustere und komfortablere Lösungen des Gesamtproblems anzusehen. Ihre Korrektheit kann erst dann getestet werden, wenn das Verzeichnis wirklich vorliegt (nach Problem "Anfügen an das Telefonverzeichnis").

```pascal
PROGRAM telefonausgabe (input, output);
CONST
   laenge = 15;
TYPE
   kennzeichen = (name, vorname, strasse, ort, telefon);
   kurzstring = string [laenge];
   teilnehmer = ARRAY [kennzeichen] OF kurzstring;
   verzeichnis = FILE OF teilnehmer;
VAR
   tel : verzeichnis;
   dateiname : kurzstring;
PROCEDURE anfuegen;
   BEGIN
      write ('Anfuegen derzeit nicht moeglich.')
   END (* anfuegen *);
PROCEDURE loeschen;
   BEGIN
      write ('Loeschen derzeit nicht moeglich.')
   END (* loeschen *);
PROCEDURE suchen;
   BEGIN
      write ('Suchen derzeit nicht moeglich.')
   END (* suchen *);
PROCEDURE veraendern;
   BEGIN
      write ('Veraendern derzeit nicht moeglich.')
   END (* veraendern *);
PROCEDURE zeigeverzeichnis (VAR v : verzeichnis);
(* gibt den Inhalt von Verzeichnis v aus *)
   VAR
      k : kennzeichen;
   BEGIN
      reset (v);
      WHILE NOT eof (v) DO
         BEGIN
            writeln;
            FOR k := name TO telefon DO
                write (v^[k], ' ' : laenge + 1 - length (v^[k]));
            get (v)
         END (* WHILE *)
   END (* zeigeverzeichnis *);
```

```
PROCEDURE menu (VAR v : verzeichnis);
(* steuert die Auswahl der Aktionen zur Verwaltung von Verzeichnis v *)
   VAR
      ch : char;
   BEGIN
      REPEAT (* praesentiere Menuezeile und fuehre gewaehlte Aktion aus *)
         gotoxy (0, 0); (* erhalte den Bildschirminhalt *)
         write ('Aktion: A(nfuegen, L(oeschen, S(uchen, V(eraendern, Z(eigen, E(nde');
         read (ch);
         page (output); (* loesche den Bildschirminhalt *)
         writeln; (* Platz fuer spaetere Menuezeile *)
         writeln;
         CASE ch OF
            'A', 'a' : anfuegen;
            'L', 'l' : loeschen;
            'S', 's' : suchen;
            'V', 'v' : veraendern;
            'Z', 'z' : zeigeverzeichnis (v)
            (* sonst: tue nichts *)
         END (* CASE *)
      UNTIL ch IN ['E', 'e']
   END (* menu *);
BEGIN (* telefonausgabe *)
   write ('Name des Telefonverzeichnisses --> ');
   readln (dateiname);
   reset (tel, dateiname);
   menu (tel);
   close (tel, lock);
   write ('Verzeichnis ', dateiname, ' ist gespeichert. Tschuess...')
END (* telefonausgabe *).
```

89. Fallstudie Telefonverzeichnis: Löschen im Telefonverzeichnis (Dateiverwaltung)

Ergänzen und verändern Sie Ihre Lösung zum Problem "Ausgabe des Telefonverzeichnisses" so, daß das Löschen von Einträgen am Ende des Telefonverzeichnisses ermöglicht wird.

Lösungsweg

Die laufende Nummer des letzten Eintrags im Telefonverzeichnis (beginnend bei Nummer 0 für den ersten Eintrag) wird unmittelbar nach dem Eröffnen des Verzeichnisses durch einmaliges Durchsehen des Verzeichnisses festgestellt. Sie wird dann als Dateiende-Information benutzt. Das Entfernen des letzten Eintrags erfolgt durch Verändern dieser Nummer. Die Ausgabe des Verzeichnisses muß entsprechend modifiziert werden: statt bis zur Dateiende-Markierung auszugeben, werden nur die Einträge bis zum aktuell letzten ausgegeben. Am Programmende wird auf den letzten Eintrag zugegriffen und die Datei mit der Option *crunch* geschlossen. Die Zugriffe auf den letzten Eintrag sind als Direktzugriffe organisiert, auch schon im Hinblick auf den späteren Einsatz des Direktzugriffsmechanismus.

```
PROGRAM telefonloeschen (input, output);
(* Hier: Konstantendefinitionsteil aus Programm "Telefonausgabe" *)
(* Hier: Typdefinitionsteil aus Programm "Telefonausgabe". Zusatz: *)
   operation = (lesen, schreiben);
   wieviel = (nichts, etwas);
(* Hier: Variablendeklarationsteil aus Programm "Telefonausgabe". Zusatz: *)
   letzter : integer;
PROCEDURE zeigeteilnehmer (t : teilnehmer; zusatzinformation : wieviel);
(* zeigt die Daten des Teilnehmers t *)
   VAR
      k : kennzeichen;
   BEGIN
      IF zusatzinformation = etwas
         THEN (* gib erklaerende Zeile aus *)
            BEGIN
               writeln ('Name:', ' ' : laenge - 4, 'Vorname:', ' ' : laenge - 7,
                        'Strasse:', ' ' : laenge - 7, 'Wohnort:', ' ' : laenge - 7,
                        'Telefon:', ' ' : laenge - 7);
               writeln
            END (* THEN *);
      FOR k := name TO telefon DO write (t [k], ' ' : laenge + 1 - length (t [k]));
      writeln
   END (* zeigeteilnehmer *);
PROCEDURE zugriff (VAR v : verzeichnis; op : operation; i : integer);
(* greift gemaess op auf den i-ten Eintrag von Verzeichnis v zu *)
   BEGIN
      seek (v, i);
      CASE op OF
         lesen : get (v);
         schreiben : put (v)
      END (* CASE *)
   END (* zugriff *);
(* Hier: Prozedur anfuegen aus Programm "Telefonausgabe" *)
PROCEDURE loeschen (VAR v : verzeichnis; VAR letzter : integer);
(* erlaubt das Loeschen des letzten Eintrags im Verzeichnis v *)
   VAR
      ch : char;
   BEGIN
      IF letzter = - 1
         THEN write ('Loeschen nicht moeglich : Verzeichnis ist bereits leer.')
         ELSE
```

```pascal
          BEGIN (* zeige letzten Eintrag und loesche auf Wunsch *)
             writeln ('Letzter Eintrag:');
             zugriff (v, lesen, letzter);
             zeigeteilnehmer (v^, etwas);
             write ('Diesen Eintrag loeschen (J/N) --> ');
             read (ch);
             writeln;
             IF NOT (ch IN ['J', 'j'])
                THEN write ('Eintrag wurde nicht geloescht.')
                ELSE
                    BEGIN (* loesche Eintrag *)
                       letzter := letzter - 1;
                       write ('Eintrag wurde geloescht.')
                    END (* ELSE *)
             END (* ELSE *)
     END (* loeschen *);
(* Hier: Prozeduren suchen und veraendern aus Programm "Telefonausgabe" *)
PROCEDURE zeigeverzeichnis (VAR v : verzeichnis; letzter : integer);
(* gibt Eintraege 0 bis letzter von Verzeichnis v aus *)
   VAR
      i : integer;
   BEGIN
      IF letzter < 0
         THEN writeln ('Verzeichnis ist leer.')
         ELSE
            BEGIN (* Verzeichnis besitzt Eintraege *)
               reset (v);
               zeigeteilnehmer (v^, etwas); (* mit Kopfzeile *)
               FOR i := 1 TO letzter DO
                  BEGIN
                     get (v);
                     zeigeteilnehmer (v^, nichts) (* ohne Kopfzeile *)
                  END (* FOR *)
            END (* ELSE *)
   END (* zeigeverzeichnis *);
(* Prozedur menu aus Programm "Telefonausgabe" mit geaendertem Kopf
   menu (VAR v : verzeichnis; VAR letzter : integer); und geaenderten Aufrufen
   loeschen (v, letzter) und zeigeverzeichnis (v, letzter) *)
PROCEDURE eroeffnen (VAR v : verzeichnis; VAR dateiname : kurzstring;
      VAR letzter : integer);
(* oeffnet Verzeichnis v mit dateiname und ermittelt laufende
   Nummer des letzten Eintrags *)
```

```pascal
BEGIN
    write ('Name des Telefonverzeichnisses --> ');
    readln (dateiname);
    reset (v, dateiname);
    letzter := - 1;
    WHILE NOT eof (v) DO
       BEGIN
          letzter := letzter + 1;
          get (v)
       END (* WHILE *);
    writeln ('Verzeichnis ', dateiname, ' steht zur Verfuegung und hat ',
          letzter + 1, ' Eintraege.')
  END (* eroeffnen *);
PROCEDURE schliessen (VAR v : verzeichnis; dateiname : kurzstring; letzter : integer);
(* schliesst Verzeichnis v mit dateiname, falls es nicht leer ist *)
  BEGIN
    IF letzter < 0
       THEN
          BEGIN (* Verzeichnis leer *)
             close (v, purge);
             write ('Verzeichnis ', dateiname, ' ist leer. Es wird nicht ',
                 'gespeichert. Tschuess...')
          END (* THEN *)
       ELSE
          BEGIN (* schliesst Verzeichnis mit Dateiende-Markierung hinter
                    letztem Eintrag *)
             zugriff (v, lesen, letzter);
             close (v, crunch);
             write ('Neue Version von ', dateiname, ' mit ', letzter + 1,
                 ' Eintraegen gespeichert. Tschuess...')
          END (* ELSE *)
  END (* schliessen *);
BEGIN (* telefonloeschen *)
  eroeffnen (tel, dateiname, letzter);
  menu (tel, letzter);
  schliessen (tel, dateiname, letzter)
END (* telefonloeschen *).
```

90. <u>Fallstudie Telefonverzeichnis</u>: Anfügen an das <u>Telefonverzeichnis</u> (Dateiverwaltung)

Ergänzen und verändern Sie Ihre Lösung zum Problem "Löschen im Telefonverzeichnis" so, daß das Anfügen von Einträgen am Ende des Telefonverzeichnisses ermöglicht wird.

Insbesondere soll es möglich sein, durch fortgesetztes Anfügen von Einträgen an eine anfangs noch nicht existierende Datei ein Telefonverzeichnis zu erstellen.

<u>Lösungsweg</u>

Das Eröffnen der Telefonverzeichnisdatei wird gegenüber der Lösung des Problems "Löschen im Telefonverzeichnis" erweitert um eine eigene Fehlerprüfung, damit gegebenenfalls eine neue Datei angelegt werden kann. Die Definition der Daten des anzufügenden Eintrags erfolgt mit Hilfe eines Menüs. Dabei soll es erlaubt sein, Daten unspezifiziert zu lassen bzw. durch mehrfache Angabe zu korrigieren. Es soll auch möglich sein, den definierten Eintrag anzuschauen, um sich von dessen Korrektheit zu überzeugen.

```
PROGRAM telefonanfuegen (input, output);
(* Hier: Konstantendefinitionsteil aus Programm "Telefonloeschen" mit Zusatz: *)
   leer = '';
(* Hier: Typdefinitions- und Variablendeklarationsteil aus
   Programm "Telefonloeschen" *)
(* Hier: Prozedur zeigeteilnehmer aus Programm "Telefonloeschen" *)
PROCEDURE zugriff (VAR v : verzeichnis; op : operation; i : integer);
(* greift fehlertolerierend gemaess op auf den i-ten Eintrag von Verzeichnis v zu *)
   BEGIN (*$I-*)
      seek (v, i);
      CASE op OF
         lesen : get (v);
         schreiben : put (v)
      END (*$I+*)
   END (* zugriff *);
PROCEDURE akzeptieren (ausgabe : string; VAR eingabe : kurzstring);
(* fordert und akzeptiert Eingabe *)
   BEGIN
      write (ausgabe, ' --> ');
      readln (eingabe)
   END (* akzeptieren *);
PROCEDURE definieren (VAR istdefiniert : wieviel; VAR t : teilnehmer;
      meldung : kurzstring);
(* erlaubt das Umdefinieren bzw. Neudefinieren der Daten des Teilnehmers
   mit spezifizierter Menue-Meldung *)
```

```
VAR
    k : kennzeichen;
    anfangswert : teilnehmer;
    ch : char;
BEGIN
    IF nichts = istdefiniert (* Neudefinition: initialisieren *)
        THEN FOR k := name TO telefon DO t [k] := leer;
    anfangswert := t;
    REPEAT (* praesentiere Menuezeile und fuehre gewaehlte Aktion aus *)
        gotoxy (0, 0); (* erhalte den Bildschirminhalt *)
        write (meldung,
                ': N(ame, V(orname, S(trasse, O(rt, T(elefon, Z(eigen, E(nde ');
        read (ch);
        page (output); (* loesche den Bildschirminhalt *)
        writeln; (* Platz fuer spaetere Menuezeile *)
        writeln;
        CASE ch OF
            'N', 'n' : akzeptieren ('Name', t [name]);
            'V', 'v' : akzeptieren ('Vorname', t [vorname]);
            'S', 's' : akzeptieren ('Strasse', t [strasse]);
            'O', 'o' : akzeptieren ('Ort', t [ort]);
            'T', 't' : akzeptieren ('Telefon', t [telefon]);
            'Z', 'z' : zeigeteilnehmer (t, etwas)
            (* sonst: tue nichts *)
        END (* CASE *)
    UNTIL ch IN ['E', 'e'];
    (* stelle fest, ob Anfangswert von Teilnehmer t geaendert wurde *)
    istdefiniert := nichts;
    FOR k := name TO telefon DO
        IF t [k] <> anfangswert [k] THEN istdefiniert := etwas
END (* definieren *);
PROCEDURE anfuegen (VAR v : verzeichnis; VAR letzter : integer);
(* fuegt einen zu definierenden Eintrag hinter den letzten Eintrag des
   Verzeichnisses an *)
VAR
    istdefiniert : wieviel;
BEGIN
    (* definiere Eintrag *)
    istdefiniert := nichts;
    definieren (istdefiniert, v^, 'Anfuegen');
```

```
        IF etwas = istdefiniert
            THEN
                BEGIN (* fuege definierten Eintrag an, falls Platz ist *)
                    zugriff (v, schreiben, letzter + 1);
                    IF ioresult <> 0 (* Zugriff war fehlerhaft *)
                        THEN writeln ('Anfuegen nicht moeglich: kein Platz am Dateiende.')
                        ELSE
                            BEGIN
                                letzter := letzter + 1;
                                writeln ('Eintrag am Ende angefuegt.')
                            END (* ELSE *)
                END (* THEN *)
            ELSE writeln ('Nichts definiert: Eintrag nicht angefuegt.')
    END (* anfuegen *);
(* Hier: Prozeduren loeschen, suchen, veraendern, zeigeverzeichnis aus
   Programm "Telefonloeschen" *)
(* Hier: Prozedur menu aus Programm "Telefonloeschen" mit geaendertem
   Aufruf anfuegen (v, letzter) *)

PROCEDURE eroeffnen (VAR v : verzeichnis; VAR dateiname : kurzstring;
    VAR letzter : integer);
(* oeffnet Verzeichnis v mit dateiname, legt ggf. neues Verzeichnis an,
   und ermittelt laufende Nummer des letzten Eintrags *)
BEGIN
    akzeptieren ('Name des Telefonverzeichnisses', dateiname);
    (*$I-*)
    reset (v, dateiname);
    (*$I+*)
    letzter := - 1;
    IF ioresult <> 0 (* fehlerhaftes reset: Datei nicht vorhanden *)
        THEN rewrite (v, dateiname) (* ohne Fehlerpruefung *)
        ELSE
            WHILE NOT eof (v) DO
                BEGIN
                    letzter := letzter + 1;
                    get (v)
                END (* WHILE *);
    writeln ('Verzeichnis ', dateiname, ' steht zur Verfuegung und enthaelt ',
            letzter + 1, ' Eintraege.')
    END (* eroeffnen *);
(* Hier: Prozedur schliessen aus Programm "Telefonloeschen" *)
(* Hier: Anweisungsteil aus Programm "Telefonloeschen" *)
```

91. <u>Fallstudie Telefonverzeichnis: Suchen im Telefonverzeichnis</u> (DV-Algorithmen)

Ergänzen und verändern Sie Ihre Lösung zum Problem "Anfügen an das Telefon-verzeichnis" so, daß nach Einträgen gesucht werden kann. Die Suche nach einem Eintrag, beispielsweise nach der Telefonnummer zu einem gegebenen Namen, wird so organisiert, daß die Einträge des Verzeichnisses von vorne nach hinten der Reihe nach betrachtet werden, bis der gesuchte Eintrag gefunden ist. Im Durchschnitt geht das Suchen dabei schneller, wenn Einträge, nach denen häufiger gesucht wird, weiter vorne stehen als andere. Da die Suchhäufigkeiten erst im Laufe der Zeit bekannt werden und sich ändern können, soll versucht werden, die Position der Einträge in der Datei dynamisch an die optimale Situation anzunähern. Zu diesem Zweck wird bei jeder erfolgreichen Suche der gefundene Eintrag um eine Position nach vorne gerückt, d.h. mit seinem Vorgänger in der Datei vertauscht, falls das überhaupt möglich ist (sog. Transpositions-Strategie für selbstanordnende Folgen).

<u>Lösungsweg</u>

Die Angabe des Suchkriteriums erfolgt so, daß mehrere Daten zu einem Eintrag angegeben werden können; es wird der erste Eintrag gesucht, der alle angegebenen Kriterien erfüllt. Zur Angabe dieser Daten durch Auswahl aus einem Menü mit Wiederholungsmöglichkeit zum Zweck der Korrektur verwenden wir die Prozedur *definiere* aus der Lösung zum Problem "Anfügen an das Telefonverzeichnis".

Die Suche nach dem beschriebenen Eintrag erfolgt vom Dateianfang an rein sequentiell. Ein Zähler, der bei jedem Zugriff erhöht wird, liefert die laufende Nummer des gefundenen Eintrags in der Datei. Diese Nummer wird für den Direktzugriff auf den gefundenen Eintrag und seinen Vorgänger benützt. Die Vertauschung beider Einträge erfolgt durch mehrmaligen Direktzugriff und Zwischenspeichern der Einträge in einer Hilfsvariablen und im Puffer.

<u>Bemerkungen</u>

Eine (in Bezug auf die Suchzeit manchmal bessere) Strategie für die Selbstanordnung solcher Folgen versetzt bei jeder erfolgreichen Suche den gefundenen Eintrag an den Anfang der Folge (move-to-front-Strategie).

Modifizieren Sie Ihre Lösung so, daß sie dieser Strategie folgt. Welche Strategie ist einfacher zu realisieren, wenn die Einträge (wie oben) als sequentielle Datei vorliegen, welche für den Fall der verketteten linearen Liste?

```
PROGRAM telefonsuchen (input, output);
(* Hier: Konstanten- und Typdefinitionsteil und Variablendeklarationsteil
   aus Programm "Telefonanfuegen" *)
(* Hier: Prozeduren zeigeteilnehmer, zugriff, akzeptieren, definieren, anfuegen,
   loeschen aus Programm "Telefonanfuegen" *)
FUNCTION unvertraeglich (suche, habe : teilnehmer) : boolean;
(* liefert true, wenn beide Teilnehmerdaten unvertraeglich sind *)
   VAR
      k : kennzeichen;
   BEGIN
      unvertraeglich := false;
      FOR k := name TO telefon DO
         IF (suche [k] <> leer) AND (suche [k] <> habe [k])
            THEN unvertraeglich := true
   END (* unvertraeglich *);
PROCEDURE suchen (VAR v : verzeichnis; letzter : integer);
(* veranlasst die Definition eines Eintrags und die Suche nach diesem Eintrag
   und ggf. dessen Transposition im Verzeichnis v *)
   VAR
      i : integer;
      gesuchter, gefundener : teilnehmer;
      istdefiniert : wieviel;
      weitersuchen : boolean;
   BEGIN
      IF letzter = - 1
         THEN writeln ('Suche unmoeglich: Verzeichnis ist leer.')
         ELSE
            BEGIN
               (* definiere zu suchenden Eintrag *)
               istdefiniert := nichts;
               definieren (istdefiniert, gesuchter, 'Suche nach');
               IF nichts = istdefiniert
                  THEN writeln ('Nichts definiert: keine Suche.')
                  ELSE
                     BEGIN (* suche nach Eintrag *)
                        writeln ('Bitte warten');
                        reset (v);
                        i := - 1;
                        weitersuchen := true;
                        WHILE (i < letzter) AND weitersuchen DO
                           BEGIN (* betrachte naechsten Eintrag *)
```

```
                    i := i + 1;
                    weitersuchen := unvertraeglich (gesuchter, v^);
                    get (v);
                    write ('.')
                END (* WHILE *);
            IF weitersuchen
                THEN writeln ('Eintrag nicht gefunden.')
                ELSE
                    BEGIN (* gesuchten Eintrag gefunden *)
                        writeln ('Teilnehmer gefunden (an Stelle ', i, ')');
                        zugriff (v, lesen, i);
                        gefundener := v^;
                        zeigeteilnehmer (gefundener, etwas);
                        IF i > 0
                            THEN (* transponiere *)
                                BEGIN
                                    zugriff (v, lesen, i - 1);
                                    zugriff (v, schreiben, i);
                                    v^ := gefundener;
                                    zugriff (v, schreiben, i - 1);
                                    writeln ('Transposition ist erfolgt. ',
                                        'Teilnehmer steht jetzt an Stelle ',
                                        i - 1, '.');
                                END (* THEN *)
                    END (* ELSE *)
            END (* ELSE *)
        END (* ELSE *)
    END (* suchen *);
(* Hier: Prozeduren veraendern und zeigeverzeichnis aus
    Programm "Telefonanfuegen" *)
(* Hier: Prozedur menu aus Programm "Telefonanfuegen" mit
    geaendertem Aufruf suchen (v, letzter) *)
(* Hier: Prozeduren eroeffnen und schliessen aus Programm "Telefonanfuegen" *)
(* Hier: Anweisungsteil aus Programm "Telefonanfuegen" *)
```

9.2 Fallstudie Telefonverzeichnis: Ändern im Telefonverzeichnis (Dateiverwaltung)

Ergänzen und verändern Sie Ihre Lösung zum Problem "Suchen im Telefonverzeichnis" so, daß Einträge geändert werden können. Ein zu ändernder Eintrag soll durch seine laufende Nummer angegeben werden, die bei Bedarf zunächst durch eine Suche ermittelt werden kann. Das Ändern eines Eintrags soll nicht zu einer Transposition führen.

Lösungsweg

Nach dem Direktzugriff auf den Eintrag mit angegebener Nummer kann der Dateipuffer mit Hilfe der Prozedur *definiere* geändert und kontrolliert werden. Anschließend wird er an dieselbe Stelle in der Datei zurückgeschrieben.

Bemerkungen

Erweitern Sie die Telefonverzeichnisverwaltung so, daß

(a) der zu ändernde Eintrag wie ein zu suchender Eintrag spezifiziert werden kann.

(b) bei der Suche alle Einträge geliefert werden, die die angegebenen Kriterien erfüllen, und durch Rückfrage der gewünschte ausgewählt wird (dabei soll nur der gewählte Eintrag transponiert werden).

(c) die Ausgabe des Telefonverzeichnisses in sortierter Reihenfolge möglich ist (nach Name, Vorname und anderen von der Zugriffshäufigkeit verschiedenen Kriterien).

(d) die Ausgabe des Verzeichnisses oder einzelner Einträge wahlweise auf verschiedenen Ausgabegeräten, z.B. Drucker oder Bildschirm, möglich ist, wobei der Programmbenutzer die Wahl des Ausgabemediums hat.

```
PROGRAM telefonaendern (input, output);
(* Hier: Konstanten- und Typdefinitionsteil und Variablendeklarationsteil
   aus Programm "Telefonsuchen" *)
(* Hier: Prozeduren zeigeteilnehmer, zugriff, akzeptieren, definieren,
   anfuegen, loeschen, Funktion unvertraeglich, Prozedur suchen
   aus Programm "Telefonsuchen" *)
PROCEDURE veraendern (VAR v : verzeichnis; letzter : integer);
(* erlaubt das Aendern eines Eintrags in v *)
   VAR
      i : integer;
      istdefiniert : wieviel;
   BEGIN
      IF letzter < 0
         THEN writeln ('Aendern nicht moeglich: Verzeichnis ist leer.')
         ELSE
            BEGIN (* Aendern eines Eintrags *)
               write ('Aendern des Eintrags mit Nr. (0..', letzter, ') --> ');
               readln (i);
               IF (i < 0) OR (i > letzter)
                  THEN writeln ('Eintrag ', i, ' gibt''s nicht.')
                  ELSE
                     BEGIN (* Eintrag i zum Aendern anbieten *)
                        zugriff (v, lesen, i);
                        istdefiniert := etwas;
                        definieren (istdefiniert, v^, 'Aendern');
                        IF nichts = istdefiniert
                           THEN writeln ('Nichts geaendert.')
                           ELSE
                              BEGIN (* neue Version von Eintrag i speichern *)
                                 zugriff (v, schreiben, i);
                                 writeln ('Eintrag ', i, ' ist geaendert.')
                              END (* ELSE *)
                     END (* ELSE *)
            END (* ELSE *)
   END (* veraendern *);
(* Hier: Prozedur zeigeverzeichnis aus Programm "Telefonsuchen" *)
(* Hier: Prozedur menu mit geaendertem Aufruf veraendern (v, letzter) aus
   Programm "Telefonsuchen" *)
(* Hier: Prozeduren eroeffnen und schliessen aus Programm "Telefonsuchen" *)
(* Hier: Anweisungsteil aus Programm "Telefonsuchen" *)
```

93. <u>Fallstudie Graphik: Schachbrett</u> (Graphik)

Auf dem Bildschirm Ihres Rechners soll ein umrandetes Schachbrettmuster ausgegeben werden. Das Brett soll den Bildschirm so gut wie möglich füllen, die Dicke eines (quadratischen) Feldes des Bretts soll also möglichst groß sein. Der Rand soll ein Feld breit sein.

Schreiben Sie ein Programm, das unter Verwendung der Graphikfähigkeiten Ihres Rechners zu einer Eingabe n (in gewissen Grenzen) für die Anzahl der Felder längs der Seite des Bretts (beim Schachbrett gilt n=8) ein solches Muster ausgibt.

Lösungsweg

Wir konzipieren unser Programm so, daß wir es mit wenigen Änderungen dazu einsetzen können, ein beliebiges anderes Muster heller und dunkler Felder, wiederum mit Rand, zu erzeugen und auszugeben. Wir wollen das später zur Definition eines Labyrinths und für das Spiel "Schiffeversenken" verwenden.

Wir sehen eine quadratische Matrix der Bildpunkte vor, in der wir uns die hellen ("besetzten") Felder merken. Um später besonders einfach auf dem Bildschirm zeichnen zu können, repräsentieren wir die Belegung des Feldes (i,j) des Bretts durch denjenigen Bildpunkt, der dem Mittelpunkt des gezeichneten Feldes (i,j) bei gegebener Dicke entspricht. Die ("physischen") Indizes für die Zeilen bzw. Spalten der Bildmatrix belegen den Bereich von 0 bis zu einem durch die Auflösung des Graphikbildschirms vorgegebenen Maximum; die ("logischen") Indizes des Schachbretts laufen von 0 bis n+1, wobei die Indizes 0 und n+1 den Rand bezeichnen. Dem Index i auf dem Brett entspricht der Index i*Dicke + Dicke *DIV* 2 in der Matrix der Bildpunkte. Wir verteilen also die n*n benötigten Einträge für die Belegung der Felder gleichmäßig auf die Matrix, statt sie z.B. an den jeweils ersten n Positionen einzutragen.

Eine Funktion für die Indexberechnung und einige Hilfsprozeduren erlauben es auf einfache Weise, das Schachbrettmuster zu definieren und auszugeben. Bei einigen der Prozeduren und bei der Funktion geben wir das Muster als variable-Parameter an, obwohl die Maxime der Programmklarheit die Angabe als value-Parameter verlangt; dies geschieht ausschließlich aus Gründen des geringeren Speicherplatzbedarfs und der kürzeren Laufzeit, die sich sonst bei Kleinrechnern als ernste Restriktionen bemerkbar machen.

```pascal
PROGRAM zeigeschachbrett (input, output);
USES turtlegraphics;
CONST
   maxn = 181; (* 10 Pixels fuer Kopfzeile frei *)
TYPE
   belegung = (frei, besetzt); (* besetzt = hell *)
   matrix = PACKED ARRAY [0..maxn, 0..maxn] OF belegung;
   mustertyp = RECORD
                  bild : matrix;
                  n, dicke, halbe : integer
               END;
VAR
   muster : mustertyp;
FUNCTION index (VAR m : mustertyp; i : integer) : integer;
(* liefere physischen zu gegebenem logischem Index *)
   BEGIN
      index := i * m.dicke + m.halbe
   END (* index *);
PROCEDURE ziehenach (x, y : integer; color : screencolor);
(* ziehe mit color nach (x,y) *)
   BEGIN
      pencolor (color);
      moveto (x, y)
   END (* ziehenach *);
PROCEDURE block (VAR m : mustertyp; i, j : integer);
(* zeichne Block der Groesse dicke*dicke an logische Position (i,j) *)
   VAR
      k : integer;
   BEGIN
      FOR k := 0 TO m.dicke - 1 DO
         BEGIN
            ziehenach (i * m.dicke, j * m.dicke + k, none);
            ziehenach ((i + 1) * m.dicke - 1, j * m.dicke + k, reverse)
         END (* FOR *)
   END (* block *);
```

```
PROCEDURE zeigemuster (VAR m : mustertyp);
(* grafische Ausgabe des Bildes des Musters *)
   VAR
      i, j : integer;
   BEGIN
      initturtle;
      FOR i := 0 TO m.n + 1 DO
         FOR j := 0 TO m.n + 1 DO
            IF m.bild [index (m, i), index (m, j)] = besetzt THEN block (m, i, j)
   END (* zeigemuster *);
PROCEDURE musteransehen (VAR m : mustertyp; kopfzeile : string);
(* Steuerung des zeitlichen Ablaufs des Ansehens des Musters *)
   BEGIN
      write ('Bild des Musters mit RETURN --> ');
      readln;
      zeigemuster (m);
      ziehenach (0, maxn + 1, none);
      wstring (kopfzeile)
   END (* musteransehen *);
PROCEDURE mustergroesseneingabe (VAR m : mustertyp);
(* lies Groesse des Musters ein und ermittle Dicke der Felder *)
   BEGIN
      REPEAT
         writeln ('Bitte Anzahl n der Felder laengs der Seite des');
         write ('Musters eingeben (hoechstens ', maxn - 1, ') --> ');
         readln (m.n)
      UNTIL (1 <= m.n) AND (m.n <= maxn - 1);
      m.dicke := (maxn + 1) DIV (m.n + 2); (* logischer Index 0..n+1 wegen Rand *)
      m.halbe := m.dicke DIV 2
   END (* mustergroesseneingabe *);
PROCEDURE randbesetzen (VAR m : mustertyp; aussen : belegung);
(* belegt Rand des Musters mit aussen, aendert Inneres nicht *)
   VAR
      j : integer;
   BEGIN
      FOR j := 0 TO m.n + 1 DO
         BEGIN
            m.bild [index (m, 0), index (m, j)] := aussen;
            m.bild [index (m, m.n + 1), index (m, j)] := aussen;
            m.bild [index (m, j), index (m, 0)] := aussen;
            m.bild [index (m, j), index (m, m.n + 1)] := aussen
         END (* FOR *)
   END (* randbesetzen *);
```

```
PROCEDURE schachbrett (VAR m : mustertyp);
(* definiere Schachbrettmuster *)
   VAR
      i, j : integer;
   BEGIN
      randbesetzen (m, besetzt);
      FOR i := 1 TO m.n DO
         FOR j := 1 TO m.n DO
            IF odd (i + j)
               THEN m.bild [index (m, i), index (m, j)] := besetzt
               ELSE m.bild [index (m, i), index (m, j)] := frei
   END (* schachbrett *);
BEGIN (* zeigeschachbrett *)
   mustergroesseneingabe (muster);
   schachbrett (muster);
   musteransehen (muster, 'RETURN beendet das Programm');
   readln
END (* zeigeschachbrett *).
```

<u>Bemerkungen</u>

Für welche der Prozeduren ist die Angabe des Musters als variable-Parameter zwingend erforderlich, wenn das Programm das gewünschte leisten soll?

Die Effizienz des Programms wäre höher als in unserer Lösung, wenn das Muster nur global, also nicht als Parameter der Funktion und der Prozeduren, verwendet würde; was wären die Nachteile?

94. Fallstudie Graphik: Muster eingeben und ausgeben (Dateiverwaltung)

Das Programm zur Lösung des "Schachbrett"-Problems soll so geändert werden, daß statt eines Schachbrettmusters ein beliebiges vorgegebenes oder anzugebendes Muster heller und dunkler Felder gezeigt wird. Die Anzahl n der Felder längs des Bretts und die Indexpaare (i,j) für die hellen Felder innerhalb des Rands seien dabei wahlweise in einer Textdatei gegeben oder von der Tastatur durch den Programmbenutzer einzugeben.

Lösungsweg

Eine Prozedur, die bereits die Möglichkeit einer (späteren) graphischen Eingabe vorsieht, erlaubt die Wahl der Eingabeart (interaktiv oder vom Textfile). Wird die Eingabe von der Textdatei gewählt, dann wird das Übernehmen der Daten für den Programmbenutzer sichtbar auf dem Bildschirm protokolliert. Zunächst wird die Größe des Musters gelesen; das Muster wird initialisiert, wobei nur der Rand belegt wird. Anschließend werden alle Indexpaare gelesen, und die entsprechenden Felder werden markiert. Das Ausgeben des Musters geschieht wie im Problem "Schachbrett".

```
PROGRAM zeigegegebenesmuster (input, output);
(* Hier: USES, Konstanten-, Typen- und Variablendeklarationen wie bei
    Programm "Zeigeschachbrett" mit Zusatz : *)
    interaktiv : boolean;
    daten : text;
(* Hier: Funktion index, Prozeduren ziehenach, block, zeigemuster, musteransehen
    und randbesetzen wie bei Programm "Zeigeschachbrett" *)
PROCEDURE mustergroesseneingabe (VAR m : mustertyp; interaktiv : boolean;
      VAR daten : text);
(* lies Groesse des Musters ein und ermittle Dicke der Felder *)
    BEGIN
        IF NOT interaktiv THEN writeln ('Protokoll der Datenuebernahme aus Datei.');
        writeln ('Definition eines quadratischen Musters aus n x n Feldern.');
        REPEAT
            writeln ('Anzahl n der Felder laengs der Seite des Musters,');
            write ('hoechstens ', maxn - 1, ' --> ');
            readln (daten, m.n);
            IF NOT interaktiv THEN writeln (m.n)
        UNTIL (1 <= m.n) AND (m.n <= maxn - 1);
        m.dicke := (maxn + 1) DIV (m.n + 2); (* logischer Index 0..n+1 wegen Rand *)
        m.halbe := m.dicke DIV 2
    END (* mustergroesseneingabe *);
```

```
PROCEDURE clearmuster (VAR m : mustertyp; innen, aussen : belegung);
(* belege Muster m im Innern mit innen, am Rand mit aussen *)
   VAR
      i, j : integer;
   BEGIN
      randbesetzen (m, aussen);
      FOR i := 1 TO m.n DO
         FOR j := 1 TO m.n DO m.bild [index (m, i), index (m, j)] := innen
   END (* clearmuster *);
PROCEDURE musterdateneingabe (VAR m : mustertyp; interaktiv : boolean;
      VAR daten : text);
(* lies Indizes besetzter Felder und besetze diese *)
   VAR
      i, j : integer;
   BEGIN
      writeln ('Jetzt die Indexpaare   i j   der besetzten Felder des');
      write ('Musters. Eingabefolge mit   0 0   zu Ende --> ');
      REPEAT
         read (daten, i, j);
         IF NOT interaktiv THEN write (' ', i, ' ', j, ' ');
         IF (1 <= i) AND (i <= m.n) AND (1 <= j) AND (j <= m.n)
            THEN m.bild [index (m, i), index (m, j)] := besetzt
            ELSE writeln ('(', i, ',', j, ') ignoriert ')
      UNTIL (i = 0) AND (j = 0);
      writeln;
      IF NOT interaktiv THEN close (daten);
      writeln ('Eingabe beendet.')
   END (* musterdateneingabe *);
PROCEDURE mustereingabe (VAR m : mustertyp; VAR interaktiv : boolean;
      VAR daten : text; grafik : boolean);
(* Eingabe der Daten zur Definition eines quadratischen Musters, wahlweise vom
   File, interaktiv in Textform oder graphisch *)
   VAR
      name : string;
      antwort : char;
   BEGIN
      writeln ('Eingabe der Daten zur Definition eines quadratischen Musters.');
      write ('Daten an Tastatur eingeben (J/N) --> ');
      read (antwort);
      writeln;
      interaktiv := antwort IN ['J', 'j'];
```

```
IF interaktiv
    THEN mustergroesseneingabe (m, interaktiv, input)
    ELSE
        BEGIN
            write ('Name der Musterdatei --> ');
            readln (name);
            reset (daten, name);
            mustergroesseneingabe (m, interaktiv, daten)
        END (* ELSE *);
clearmuster (m, frei, besetzt);
IF NOT interaktiv
    THEN musterdateneingabe (m, interaktiv, daten)
    ELSE
        BEGIN
            IF grafik
                THEN
                    BEGIN
                        write ('Daten grafisch oder in Textform eingeben (G/T) --> ');
                        read (antwort);
                        writeln;
                        grafik := antwort IN [ 'G', 'g' ]
                    END (* THEN *);
                IF NOT grafik THEN musterdateneingabe (m, interaktiv, input)
        END (* ELSE *)
    END (* mustereingabe *);
BEGIN (* zeigegegebenesmuster *)
    mustereingabe (muster, interaktiv, daten, false);
    musteransehen (muster, 'RETURN beendet das Programm');
    readln
END (* zeigegegebenesmuster *).
```

Bemerkungen

Bei der Eingabe eines feinen Musters kann das Protokollieren der vielen Positionen heller Felder auf dem Bildschirm unerwünscht sein. Ändern Sie Ihre Lösung so, daß wahlweise dieses Protokoll unterdrückt werden kann.

95. Fallstudie Graphik: Muster definieren (Graphik)

Das Programm aus Problem "Muster eingeben und ausgeben" soll so ergänzt werden, daß es komfortabel möglich ist, innerhalb des Randes ein beliebiges Muster von hellen und dunklen Feldern zu definieren. Es soll sowohl die Definition eines neuen Musters als auch das Übernehmen und Verändern eines bereits vorliegenden Musters möglich sein.

Auf dem Graphikbildschirm soll zu jedem Zeitpunkt das aktuell definierte Muster gezeigt werden. Das Ändern des Musters soll mittels eines Graphik-Cursors erfolgen, der feldweise über das Bild wandern kann. Die gesamte Graphiksteuerung soll einfach durch Drücken geeigneter Tasten erfolgen.

Lösungsweg

Wir haben als Graphik-Cursor ein Kreuz gewählt, das gerade die Größe eines Feldes hat. Anfangs wird dieser Cursor in die linke obere Ecke des Bildes des (neuen oder vordefinierten) Musters positioniert.

Bei Eingabe von I (J, K, M) bewegt sich der Cursor zum oben (links, rechts, unten) benachbarten Feld, falls dieses nicht schon der Rand ist. Das Ändern der Belegung des Feldes, auf dem der Cursor steht, erfolgt durch Eingabe eines Leerzeichens. RETURN beendet die Definition. Man beachte, daß damit ein beliebiges Herumwandern im Muster und beliebiges Ändern von Belegungen von Feldern möglich ist.

```pascal
PROGRAM musterdefinition (input, output);
(* Hier: USES, Konstanten-, Typen- und Variablendeklarationen wie bei
   Programm "Zeigegegebenesmuster" *)
(* Hier: Funktion index, Prozeduren ziehenach und block wie bei Programm
   "Zeigegegebenesmuster" *)
PROCEDURE kreuz (VAR m : mustertyp; i, j : integer);
(* zeichnet ein Kreuz an die logische Position (i,j) des Musters m *)
   VAR
      x, y : integer;
   BEGIN
      x := i * m.dicke;
      y := j * m.dicke;
      ziehenach (x, y, none);
      ziehenach (x + m.dicke - 1, y + m.dicke - 1, reverse);
      ziehenach (x + m.dicke - 1, y, none);
      ziehenach (x, y + m.dicke - 1, reverse);
      ziehenach (x, y, none)
   END (* kreuz *);
(* Hier: Prozeduren zeigemuster, musteransehen und randbesetzen wie bei
   Programm "Zeigegegebenesmuster" *)
PROCEDURE bewegen (VAR m : mustertyp; VAR i, j : integer; zeichen : char);
(* bewegt Cursor ab Position (i,j) im Muster m gemaess zeichen *)
   BEGIN
      kreuz (m, i, j);
      CASE zeichen OF
         'K', 'k' : IF i < m.n THEN i := i + 1;
         'I', 'i' : IF j < m.n THEN j := j + 1;
         'J', 'j' : IF i > 1 THEN i := i - 1;
         'M', 'm' : IF j > 1 THEN j := j - 1
      END (* CASE *);
      kreuz (m, i, j)
   END (* bewegen *);
PROCEDURE kippen (VAR m : mustertyp; i, j : integer);
   BEGIN
      IF m.bild [index (m, i), index (m, j)] = frei
         THEN m.bild [index (m, i), index (m, j)] := besetzt
         ELSE m.bild [index (m, i), index (m, j)] := frei;
      block (m, i, j)
   END (* kippen *);
```

```
PROCEDURE aendern (VAR m : mustertyp);
    VAR
        i, j : integer;
        ch : char;
    BEGIN (* Zeige Bild *)
        musteransehen (m, 'BLANK=Def, K,I,J,M bewegen, RETURN=Ende');
        (* Akzeptiere Eingabe *)
        i := 1;
        j := m.n;
        kreuz (m, i, j);
        read (ch);
        WHILE NOT eoln DO
            BEGIN
                IF ch = ' '
                    THEN kippen (m, i, j)
                    ELSE bewegen (m, i, j, ch);
                read (ch)
            END (* WHILE *);
        kreuz (m, i, j)
    END (* aendern *);
(* Hier: Prozeduren mustergroesseneingabe, clearmuster, musterdateneingabe
    und mustereingabe wie bei Programm "Zeigegegebenesmuster" *)
BEGIN (* musterdefinition *)
    mustereingabe (muster, interaktiv, daten, true);
    aendern (muster)
END (* musterdefinition *).
```

Bemerkungen

Ändern Sie das Programm so, daß der Cursor bei Erreichen des Randes nicht
stehenbleibt, sondern zyklisch weiterwandert.

96. <u>Fallstudie Graphik: Muster manipulieren</u> (Dateiverwaltung)

Ergänzen Sie das Programm aus Problem "Muster definieren" so, daß das definierte Muster auf einer Datei gespeichert werden kann.

<u>Lösungsweg</u>

Auf Wunsch des Programmbenutzers wird das definierte Muster in der Weise in einer Datei gespeichert, daß diese wieder als Eingabedatei für das Programm zum Problem "Muster eingeben und ausgeben" (bei einem späteren Programmlauf) dienen kann. Das Anlegen der Datei erfolgt, wie schon das Einlesen im Programm zu Problem "Muster eingeben und ausgeben", ohne Sicherheitskontrolle oder Fehlerprüfung.

<u>Bemerkungen</u>

Verändern Sie Ihr Programm so, daß

(a) die Definition eines Schachbrettmusters wie beim Problem "Schachbrett" möglich ist.

(b) Fehler beim Zugreifen auf Dateien abgefangen werden.

(c) Ausschnitte aus Mustern gewählt und manipuliert werden können.

(d) zwei Muster durch logische Operationen zwischen entsprechenden Feldern miteinander verknüpft werden können.

(e) die einzelnen Operationen zur Mustermanipulation mit Hilfe der Menü-Technik in beliebiger sinnvoller Kombination ausgeführt werden können.

```pascal
PROGRAM manipulieremuster (input, output);
(* Hier: USES, Konstanten-, Typen- und Variablendeklarationen,
   Funktion index, Prozeduren ziehenach, block, kreuz, zeigemuster,
   musteransehen, randbesetzen, bewegen, kippen, aendern,
   mustergroesseneingabe, clearmuster, musterdateneingabe
   und mustereingabe wie bei Programm "Musterdefinition" *)
PROCEDURE abspeichern (VAR m : mustertyp; VAR daten : text);
(* speichere das grafisch vorliegende Muster m nach Wunsch ab *)
   VAR
       antwort : char;
       i, j : integer;
       name : string;
   BEGIN
       ziehenach (0, maxn + 1, none);
       wstring ('Dieses Muster abspeichern (J/N) -->      ');
       read (antwort);
       textmode;
       page (output);
       writeln;
       writeln;
       IF antwort IN ['J', 'j']
         THEN
             BEGIN
                 write ('Name der Muster-Datei --> ');
                 readln (name);
                 rewrite (daten, name);
                 writeln (daten, m.n);
                 FOR i := 1 TO m.n DO
                     FOR j := 1 TO m.n DO
                         IF m.bild [index (m, i), index (m, j)] = besetzt
                             THEN write (daten, ' ', i, ' ', j);
                 write (daten, ' ', 0, ' ', 0);
                 close (daten, crunch);
                 writeln ('Muster in Datei ', name, ' gespeichert.')
             END (* THEN *)
   END (* abspeichern *);
BEGIN (* manipulieremuster *)
   mustereingabe (muster, interaktiv, daten, true);
   aendern (muster);
   abspeichern (muster, daten)
END (* manipulieremuster *).
```

97. <u>Fallstudie Graphik: Zufällig Schiffe plazieren</u> (Spiel)

Sie wollen gegen Ihren Computer "Schiffe versenken" spielen. Dazu soll sich Ihr Computer eine Belegung des Spielplans mit Schiffen ausdenken, und Sie dürfen auf diese "schießen". Sie wollen ihm zunächst das zufällige Plazieren (Ziehen) von Schiffen beibringen.

Der Spielplan ist ein quadratisches Muster, bestehend aus n x n Feldern. Wir nennen ein Rechteck mit Breite 1 und Länge i ein i-Schiff. Auf dem Spielplan gibt es ein l-Schiff, zwei (l-1)-Schiffe, drei (l-2)-Schiffe usw. und l 1-Schiffe. Die Schiffe auf dem Spielplan können waagrecht oder senkrecht orientiert sein, dürfen sich aber nicht überlappen oder berühren, auch nicht an den Ecken. Programmieren Sie Ihren Computer unter Zuhilfenahme Ihrer Lösungen zu den Problemen der Graphik-Fallstudie so, daß er die Eingabe von n und l anfordert und akzeptiert, eine entsprechende Belegung mit Schiffen zieht, falls dies möglich ist, und diese Belegung graphisch zeigt.

<u>Lösungsweg</u>

Das zufällige Ziehen eines Schiffes gegebener Länge geschieht durch zufällige Wahl der Orientierung (waagrecht/senkrecht), gefolgt vom zufälligen Ziehen zweier Feldindizes für das linke untere Feld des Schiffes so, daß gewährleistet ist, daß das Schiff ganz innerhalb des Spielplans liegt. Nachdem das Schiff gezogen ist, wird geprüft, ob es gemäß den Regeln des Spiels mit Rücksicht auf die bereits plazierten Schiffe entsprechend plaziert werden kann. Als Erleichterung dieser Prüfung wird der Rand des Spielplans als frei (statt, wie bisher, als besetzt) initialisiert. Ist die Plazierung nicht möglich, so werden die beiden Indizes solange erneut zufällig gewählt, bis eine Plazierung möglich wird oder eine Obergrenze für die Anzahl der Versuche erreicht ist. Beim erfolglosen Erreichen dieser Obergrenze wird das Schiff vom Spielplan fortgelassen. Dieses Ziehen und Plazieren wird für alle Schiffe in der Reihenfolge abnehmender Länge ausgeführt, beginnend beim längsten Schiff. Gleichzeitig wird die Anzahl der durch Schiffe belegten Felder des Spielplans ermittelt. Sobald alle Schiffe plaziert oder fortgelassen sind, wird das Bild der Situation graphisch gezeigt, zusammen mit der Meldung über die Anzahl belegter Felder.

```
PROGRAM zufaelligschiffeplazieren (input, output);
USES applestuff, turtlegraphics;
(* Hier: Konstanten- und Typdefinitionen aus Programm "Labyrinthsuche" *)
VAR
    schiffe : mustertyp;
    treffersoll : integer;
(* Hier: Funktion index, Prozeduren ziehenach, block, randbesetzen,
    clearmuster und zeigemuster aus Programm "Labyrinthsuche" und
    Prozedur mustergroesseneingabe aus Programm "Zeigeschachbrett" *)
```

```
PROCEDURE plaziere (VAR m : mustertyp; i, j, l : integer; waagrecht : boolean);
(* plaziert Schiff der Laenge l an Feld (i,j) im Muster m *)
   VAR
      rechts, oben, k, n : integer;
   BEGIN (* ermittle Grenze rechts/oben fuer Belegung der Felder *)
      rechts := i;
      oben := j;
      IF waagrecht
         THEN rechts := rechts + l - 1
         ELSE oben := oben + l - 1;
      (* besetze Felder von i/j bis rechts/oben *)
      FOR k := i TO rechts DO
         FOR n := j TO oben DO m.bild [index (m, k), index (m, n)] := besetzt
   END (* plaziere *);
FUNCTION zufall (von, bis : integer) : integer;
(* zieht (fast) zufaellig eine der Zahlen im Bereich von bis *)
   BEGIN
      randomize;
      zufall := von + (random MOD (bis - von + 1))
   END (* zufall *);
FUNCTION istfrei (VAR m : mustertyp; i, j, l : integer; waagrecht : boolean) : boolean;
(* meldet, ob Schiff der Laenge l im Muster m mit linkem/unterem Feld (i,j)
   waagrecht/senkrecht orientiert Platz hat *)
   VAR
      rechts, oben, k, n : integer;
      ok : boolean;
   BEGIN (* ermittle Grenze rechts/oben fuer Untersuchung der Felder *)
      rechts := i + 1;
      oben := j + 1;
      IF waagrecht
         THEN rechts := rechts + l - 1
         ELSE oben := oben + l - 1;
      (* untersuche Felder von i-1/j-1 bis rechts/oben. Rand ist frei! *)
      ok := true;
      FOR k := i - 1 TO rechts DO
         FOR n := j - 1 TO oben DO
            ok := ok AND (m.bild [index (m, k), index (m, n)] = frei);
      istfrei := ok
   END (* istfrei *);
```

```pascal
PROCEDURE zufallsbelegung (VAR m : mustertyp; laenge, vmax : integer;
     VAR treffersoll : integer);
(* belegt Muster m zufaellig mit 1 Schiff der Laenge laenge, 2 Schiffen der
   Laenge laenge-1, ... , laenge Schiffen der Laenge 1; treffersoll gibt die
   Anzahl belegter Felder an. *)
VAR
     i, j, k, l, versuche : integer;
     waagrecht : boolean;
BEGIN
     writeln ('Ich denke mir jetzt die Belegung des Spielplans mit Schiffen');
     write ('aus. Bitte warten');
     treffersoll := 0;
     FOR l := laenge DOWNTO 1 DO (* ziehe laengstes Schiff zuerst *)
        FOR k := l TO laenge DO (* laenge-l+1 Mal *)
           BEGIN (* ziehe Schiff der Laenge l *)
              waagrecht := (zufall (1, 2) = 1);
              versuche := 0;
              REPEAT
                 versuche := versuche + 1;
                 write ('.');
                 IF waagrecht
                    THEN i := zufall (1, m.n - l + 1)
                    ELSE i := zufall (1, m.n);
                 write ('.');
                 IF waagrecht
                    THEN j := zufall (1, m.n)
                    ELSE j := zufall (1, m.n - l + 1)
              UNTIL istfrei (m, i, j, l, waagrecht) OR (versuche = vmax);
              IF versuche = vmax
                 THEN
                    BEGIN
                       writeln;
                       writeln ('Schiff der Laenge ', l, ' bei ', vmax,
                          ' Versuchen nicht plaziert.')
                    END (* THEN *)
                 ELSE
                    BEGIN
                       plaziere (m, i, j, l, waagrecht);
                       treffersoll := treffersoll + l;
                       writeln;
                       writeln ('Schiff der Laenge ', l, ' plaziert.')
                    END (* ELSE *)
           END (* FOR *);
```

```
        write ('Ok, ich bin fertig. Druecke RETURN, wenn Du''s auch bist -->');
        readln
    END (* zufallsbelegung *);
PROCEDURE zieheschiffe (VAR schiffe : mustertyp; VAR treffersoll : integer);
(* Belegt Spielplan durch zufaelliges Ziehen von Schiffen *)
    VAR
        laenge, versuche : integer;
    BEGIN
        mustergroesseneingabe (schiffe);
        clearmuster (schiffe, frei, frei);
        write ('Laenge des laengsten Schiffs ( ', trunc (0.4 * schiffe.n), ' ? ) --> ');
        readln (laenge);
        write ('maximale Anzahl der Versuche, ein Schiff zu plazieren (100 ?) --> ');
        readln (versuche);
        zufallsbelegung (schiffe, laenge, versuche, treffersoll)
    END (* zieheschiffe *);
BEGIN (* zufaelligschiffeplazieren *)
    zieheschiffe (schiffe, treffersoll);
    zeigemuster (schiffe);
    ziehenach (0, maxn + 1, none);
    wstring ('Ende mit RETURN');
    readln
END (* zufaelligschiffeplazieren *).
```

Bemerkungen

Welcher Unterschied ergibt sich, wenn man die Schiffe in der Reihenfolge zunehmender Länge, beginnend bei den kürzesten Schiffen, plaziert?

Warum ist es schlechter, bei einem nicht plazierbaren Schiff nicht nur die Feldindizes, sondern auch die Orientierung erneut zufällig zu ziehen?

Ändern Sie Ihr Programm so, daß

(a) statt rechteckiger auch abgewinkelte Schiffe zugelassen sind.

(b) die Schiffe sich an den Ecken berühren dürfen.

(c) die gesamte Belegung des Spielplans verworfen und neu versucht wird, sobald die Plazierung eines Schiffes nicht gelingt.

98. Fallstudie Graphik: Schiffe versenken (Spiel)

Verändern Sie Ihr Programm "Zufällig Schiffe plazieren" so, daß der Rechner nicht die gezogene Situation zeigt, sondern Sie auf einem zunächst leeren Spielplan die Schiffe durch Schießen raten läßt. Der Graphik-Cursor soll das Bewegen in ein beliebiges Feld und Schießen in diesem Feld erlauben. Der Rechner soll (graphisch) melden, ob Sie ein zu einem Schiff gehörendes Feld beschossen und damit ein Schiff getroffen haben oder nicht. Das Spiel ist zu Ende, wenn Sie alle Schiffe komplett getroffen haben.

Lösungsweg

Mit Hilfe des Graphik-Cursors aus den vorangehenden Aufgaben dieser Fallstudie, des Blocks, und eines zusätzlichen Pluszeichens (in Feldgröße) ist es leicht, dem Spieler das bisher Erreichte zu präsentieren: Jedes bereits beschossene Feld zeigt einen Eintrag, und zwar das Pluszeichen, wenn dort kein Schiff getroffen worden ist, und sonst den Block. Das Schießen ist durch die *applestuff*-Prozedur *note (h, d)*, die die Erzeugung von Tönen der Höhe h und der Dauer d erlaubt, um einen akustischen Effekt bereichert. Sobald der Spieler das Treffersoll erreicht hat, teilt ihm der Computer die Anzahl der benötigten Schüsse mit und bietet ihm ein weiteres Spiel an. Im Unterschied zu den kommerziell angebotenen Automatenspielen ist bemerkenswert, daß der Einwurf eines Markstücks in den Zahlschlitz des Rechners entfällt.

Bemerkungen

Wir haben in unserem Programm zum Zweck des Übersetzens auf dem Apple II die Compileroption für Swapping *(*$S+*)* angegeben, weil der Compiler beim Übersetzen des Programms sonst nicht genügend Platz im Internspeicher des Apple zur Verfügung hat. Die Angabe dieser Option wirkt sich auf das lauffähige Programm nicht aus.

Ergänzen Sie Ihre Lösung so, daß

(a) dem Spieler zu jedem Zeitpunkt die Information über die bisherige Schuß- und Trefferzahl gezeigt wird.

(b) der Spieler erfährt, wenn er alle Felder eines Schiffes getroffen, also das Schiff versenkt hat.

(c) der Computer zusätzlich zu (a) und (b) diejenigen Felder, auf denen nach dem Kenntnisstand des Spielers kein Schiff positioniert sein kann, eigens anzeigt.

(d) zwei Spieler gegeneinander oder gleichzeitig gegen den Computer (mit verschiedenen zufällig gezogenen Spielsituationen) spielen können, und derjenige Spieler gewinnt, der zuerst alle Schiffe versenkt hat.

```pascal
(*$S+*)
PROGRAM schiffeversenken (input, output);
(* Hier: USES, Konstanten- und Typdefinitionen aus Programm
    "Zufaelligschiffeplazieren" *)
VAR
    aufg, lsg : mustertyp; (* je 1 Muster fuer Aufgabe und Loesung *)
    i, j, k, treffer, treffersoll, schuesse : integer;
    meldung : string;
    ch : char;
(* Hier: Funktion index, Prozeduren ziehenach, block, kreuz, randbesetzen,
    bewegen, clearmuster, mustergroesseneingabe, plaziere,
    Funktionen zufall, istfrei, Prozeduren zufallsbelegung und zieheschiffe
    aus Programm "Zufaelligschiffeplazieren" *)
PROCEDURE plus (VAR m : mustertyp; i, j : integer);
(* zeichnet ein Pluszeichen in's Feld (i,j) des Musters m *)
    BEGIN
        ziehenach (i * m.dicke, index (m, j), none);
        ziehenach ((i + 1) * m.dicke - 1, index (m, j), reverse);
        ziehenach (index (m, i), j * m.dicke, none);
        ziehenach (index (m, i), (j + 1) * m.dicke - 1, reverse)
    END (* plus *);
PROCEDURE malerand (VAR m : mustertyp);
(* malt einen Rand der Dicke 1 um Muster m *)
    BEGIN
        ziehenach (m.dicke - 1, m.dicke - 1, none);
        ziehenach ((m.n + 1) * m.dicke, m.dicke - 1, white);
        ziehenach ((m.n + 1) * m.dicke, (m.n + 1) * m.dicke, white);
        ziehenach (m.dicke - 1, (m.n + 1) * m.dicke, white);
        ziehenach (m.dicke - 1, m.dicke - 1, white)
    END (* malerand *);
BEGIN (* schiffeversenken *)
    REPEAT
        textmode;
        page (output);
        zieheschiffe (aufg, treffersoll);
        lsg := aufg;
        clearmuster (lsg, frei, frei);
        initturtle;
        ziehenach (0, maxn + 1, none);
        str (treffersoll, meldung);
        wstring (concat ('K,I,J,M bewegen, RETURN schiesst  [', meldung, ']'));
```

218

```
        malerand (lsg);
        i := 1;
        j := lsg.n;
        treffer := 0;
        schuesse := 0;
        kreuz (lsg, i, j);
        REPEAT
            read (ch);
            WHILE NOT (eoln AND (lsg.bild [index (lsg, i), index (lsg, j)] = frei)) DO
               BEGIN
                    bewegen (lsg, i, j, ch);
                    read (ch)
               END (* WHILE *);
            schuesse := schuesse + 1;
            lsg.bild [index (lsg, i), index (lsg, j)] := besetzt;
            IF aufg.bild [index (aufg, i), index (aufg, j)] = frei
               THEN
                    FOR k := 1 TO 5 DO
                       BEGIN
                            plus (lsg, i, j);
                            note (1, 1)
                       END (* FOR *)
               ELSE
                    BEGIN
                        treffer := treffer + 1;
                        FOR k := 1 TO 5 DO
                           BEGIN
                                block (lsg, i, j);
                                note (6 * k, 5)
                           END (* FOR *)
                    END (* ELSE *)
        UNTIL treffersoll = treffer;
        kreuz (lsg, i, j);
        ziehenach (0, maxn + 1, none);
        str (schuesse, meldung);
        wstring (concat (meldung, ' Schuss benoetigt. Nochmal (J/N) -->'));
        read (ch)
    UNTIL NOT (ch IN ['J', 'j'])
END (* schiffeversenken *).
```

99. Fallstudie Graphik: Der Weg aus dem Labyrinth (Spiel)

In einem Labyrinth soll ein Pfad zwischen einem Start- und einem Zielpunkt gesucht werden. Erweitern Sie das Programm zur Mustermanipulation so, daß in einem gegebenen Muster graphisch Start- und Zielfeld angegeben werden können und die Suche graphisch mitverfolgt werden kann.

Lösungsweg

Die Suche im Labyrinth wird rekursiv beschrieben. Wir kennen zu jedem Zeitpunkt einen Pfad vom Startfeld zu einem Feld (i,j); anfangs ist (i,j) das Startfeld. Wenn (i,j) das Zielfeld ist, so ist ein Pfad gefunden, und die Suche wird beendet (der gefundene muß nicht der kürzeste Pfad sein). Ist (i,j) nicht das Zielfeld, so wird der Pfad sukzessive auf jedes noch freie Nachbarfeld von (i,j) ausgedehnt. Führt keine dieser Ausdehnungen des Pfads zum Ziel, so wird der Pfad wieder um das (erfolglose) Feld (i,j) verkürzt. Wenn der betrachtete Pfad auf das Startfeld verkürzt wird, gibt es keinen Pfad vom Startpunkt zum Zielpunkt.

Das Vorhandensein des Randes gewährleistet die Beschränkung der Betrachtung auf gültige Feldindizes. Das Bewegen einer Linie in der Mitte der freien Felder erfolgt dabei einfach mit Bezug auf die physischen Koordinaten. Die den Pfad beschreibende Linie invertiert den Bildschirm an den betreffenden Stellen. Damit stellt das Zurücknehmen einer einmal getroffenen erfolglosen Wahl (Backtracking) die alte Situation auf einfache Weise wieder her.

Bemerkungen

Modifizieren Sie Ihre Lösung so, daß Start- und Zielfeld nach ihrer Definition markiert werden.

220

```
PROGRAM labyrinthsuche (input, output);
(* Hier: USES, Konstanten-, Typen- und Variablendeklarationen,
   Funktion index, Prozeduren ziehenach, block, kreuz, zeigemuster,
   musteransehen, randbesetzen, bewegen, kippen, aendern,
   mustergroesseneingabe, clearmuster, musterdateneingabe, mustereingabe
   und abspeichern wie bei Programm "Manipulieremuster" *)
PROCEDURE schritt (VAR lab : mustertyp; VAR iziel, jziel : integer;
      VAR fertig : boolean; ialt, jalt, i, j : integer; VAR einzeln : boolean);
(* falls sinnvoll, mache Schritt nach Feld (i,j) und rekursiven Aufruf *)
   BEGIN
      IF NOT fertig AND (lab.bild [index (lab, i), index (lab, j)] = frei)
         THEN
            BEGIN
               IF einzeln THEN readln; (* zeige jeden Schritt einzeln *)
               lab.bild [index (lab, i), index (lab, j)] := besetzt;
               moveto (index (lab, i), index (lab, j));
               IF (iziel = i) AND (jziel = j)
                  THEN fertig := true
                  ELSE
                     BEGIN (* gehe in jede Richtung: Rand ist besetzt *)
                        schritt (lab, iziel, jziel, fertig, i, j, i + 1, j, einzeln);
                        schritt (lab, iziel, jziel, fertig, i, j, i, j + 1, einzeln);
                        schritt (lab, iziel, jziel, fertig, i, j, i - 1, j, einzeln);
                        schritt (lab, iziel, jziel, fertig, i, j, i, j - 1, einzeln);
                     END (* ELSE *);
               IF NOT fertig THEN moveto (index (lab, ialt), index (lab, jalt))
            END (* THEN *)
   END (* schritt *);
PROCEDURE feldindex (VAR lab : mustertyp; meldung : string; VAR i, j : integer);
(* liefere Indizes i, j des graphisch gewaehlten Feldes im Muster ab *)
   VAR
      ch : char;
   BEGIN
      ziehenach (0, maxn + 1, none);
      wstring (meldung);
      i := 1;
      j := lab.n;
      kreuz (lab, i, j);
      read (ch);
      WHILE ch <> ' ' DO
         BEGIN
```

```
        bewegen (lab, i, j, ch);
        read (ch)
      END (* WHILE *);
    kreuz (lab, i, j)
  END (* feldindex *);
PROCEDURE labsuche (VAR lab : mustertyp);
(* Eingabe von Start- und Zielfeld und Suche nach einem Pfad *)
  VAR
    istart, jstart, iziel, jziel : integer;
    fertig, einzeln : boolean;
    meldung : string;
    antwort : char;
  BEGIN
    grafmode;
    feldindex (lab, 'BLANK=Startfeld, I,J,K,M bewegen         ', istart, jstart);
    feldindex (lab, 'BLANK=Zielfeld, I,J,K,M bewegen         ', iziel, jziel);
    ziehenach (0, maxn + 1, none);
    wstring ('Suchschritte einzeln zeigen (J/N) -->    ');
    read (antwort);
    einzeln := antwort IN ['J', 'j'];
    IF einzeln THEN meldung := 'RETURN fuer naechsten Schritt
    ELSE meldung := '                                 ';
    ziehenach (0, maxn + 1, none);
    wstring (meldung);
    moveto (index (lab, istart), index (lab, jstart));
    pencolor (reverse);
    fertig := false;
    schritt (lab, iziel, jziel, fertig, istart, jstart, istart, jstart, einzeln);
    ziehenach (0, maxn + 1, none);
    IF fertig
       THEN wstring ('Pfad gefunden. RETURN beendet.          ')
       ELSE wstring ('Es gibt keinen Pfad. RETURN beendet.    ');
    readln
  END (* labsuche *);
BEGIN (* labyrinthsuche *)
  mustereingabe (muster, interaktiv, daten, true);
  aendern (muster);
  abspeichern (muster, daten);
  write ('Weiter geht''s mit RETURN --> ');
  readln;
  labsuche (muster)
END (* labyrinthsuche *).
```

100. Tic Tac Toe (Spiel)

Zwei Spieler belegen abwechselnd mit verschiedenen Steinen die freien Felder eines 3 x 3 Felder großen Spielbretts. Gewonnen hat derjenige, dem es als erster gelingt, drei seiner Steine in einer Linie (Zeile, Spalte oder Diagonalen) des Bretts zu plazieren.

Der Computer soll gegen Sie spielen und durch häufiges Spielen seine Kenntnisse über gute und schlechte Situationen und Züge erweitern. Der Computer soll also beim Spielen lernen. Anfangs werden Sie fast immer gegen den Computer gewinnen, aber mit der Zeit werden Sie keinerlei Siegeschancen mehr haben. Schreiben Sie ein Programm, das diese Idee verwirklicht.

Lösungsweg

Der Rechner merkt sich alle Situationen aus vergangenen Spielen, aus denen Sie ihn in die Knie zwingen konnten. Er zieht bei künftigen Spielen nie mehr so, daß eine dieser Situationen entsteht. Unter den verbleibenden Möglichkeiten des Ziehens wählt er einfach die nächstbeste (d.h. das nächste freie Feld) aus. Um eine schlechte Situation zu identifizieren, merkt sich der Rechner jeweils diejenige Situation, in die sein letzter Zug geführt hat. Sobald der Mensch gewinnt oder der Rechner nicht mehr so ziehen kann, daß sein Zug nicht in eine schon als schlecht erkannte Situation führt, fügt der Rechner diese Situation zur Folge der schlechten Situationen hinzu. Die Situationen werden auf einer Datei gespeichert, damit der Lernprozeß des Rechners die einzelnen Programmläufe überdauert. Eine Situation wird charakterisiert durch die Menge der vom Menschen und die Menge der vom Rechner besetzten Felder. Die Felder des Bretts sind fortlaufend zeilenweise numeriert, beginnend bei 1. Zur Überprüfung des Spielendes werden am Anfang des ersten Spiels alle Gewinnplazierungen explizit ermittelt und gespeichert.

Bemerkungen

Ändern Sie Ihr Programm so,

(a) daß der Rechner unter den freien Möglichkeiten diejenigen bevorzugt, die direkt zu seinem Sieg führen.

(b) daß das Spielen mit Hilfe der Graphik aus der Fallstudie "Graphik" ansprechender gestaltet wird.

```pascal
PROGRAM tictactoe (input, output);
CONST
    n = 3; (* Anzahl der Felder laengs der Seite *)
    anzfelder = 9; (* = n * n, Anzahl der Felder des Spielplans *)
    anzlsg = 8; (* = 2 * n + 2, Anzahl der siegreichen Plazierungen *)
TYPE
    feldmenge = SET OF 1..anzfelder;
    loesungen = ARRAY [1..anzlsg] OF feldmenge;
    wissensdatei = FILE OF feldmenge;
VAR
    kenntnisse : wissensdatei;
    lsg : loesungen;
    meine, deine, frei, meinalt, deinalt : feldmenge;
    dubistdran, gezogen, sieg : boolean;
    antwort : char;
PROCEDURE initialisiere (VAR lsg : loesungen; anzlsg, n : integer);
(* ermittelt alle moeglichen siegreichen Plazierungen *)
    VAR
        i, j : integer;
    BEGIN
        FOR i := 1 TO anzlsg DO lsg [i] := [ ];
        FOR i := 1 TO n DO
            BEGIN
                FOR j := 1 TO n DO
                    BEGIN (* addiere Feld (i,j) zur Zeile und Spalte *)
                        lsg [i] := lsg [i] + [n * (i - 1) + j];
                        lsg [n + j] := lsg [n + j] + [n * (i - 1) + j]
                    END (* FOR *);
                (* addiere Feld aus Zeile i zu jeder der beiden Diagonalen *)
                lsg [2 * n + 1] := lsg [2 * n + 1] + [n * (i - 1) + i];
                lsg [2 * n + 2] := lsg [2 * n + 2] + [i * (n - 1) + 1]
            END (* FOR *)
    END (* initialisiere *);
```

```pascal
PROCEDURE ausgangslage (VAR meine, deine, frei : feldmenge;
     VAR dubistdran : boolean; anzfelder : integer);
(* erzeugt die Ausgangslage fuer ein Spiel *)
   VAR
      i : integer;
      antwort : char;
   BEGIN
      meine := [ ];
      deine := [ ];
      frei := [ ];
      FOR i := 1 TO anzfelder DO frei := frei + [i];
      write ('Wer faengt an, der Mensch oder der Rechner (M/R) --> ');
      read (antwort);
      writeln;
      dubistdran := antwort IN ['M', 'm']
   END (* ausgangslage *);
PROCEDURE zeigelage (meine, deine : feldmenge; n : integer);
(* zeigt ein Bild der Lage *)
   VAR
      i, j : integer;
   BEGIN
      FOR i := 1 TO n DO
         BEGIN
            writeln;
            FOR j := 1 TO n DO
               IF n * (i - 1) + j IN deine THEN write ('X')
               ELSE IF n * (i - 1) + j IN meine THEN write ('O')
               ELSE write ('-')
         END (* FOR *)
   END (* zeigelage *);
PROCEDURE duziehst (VAR deine, frei : feldmenge);
(* erfragt im Dialog einen zulaessigen Zug und protokolliert ihn *)
   VAR
      nr : integer;
   BEGIN
      REPEAT
         write ('   Dein Zug auf Feld Nummer --> ');
         readln (nr)
      UNTIL nr IN frei;
      deine := deine + [nr];
      frei := frei - [nr]
   END (* duziehst *);
```

```
FUNCTION gewonnen (lsg : loesungen; anzlsg : integer; fm : feldmenge) : boolean;
(* liefert true, wenn die Feldmenge eine siegreiche Plazierung enthaelt *)
   VAR
      gewinn : boolean;
      i : integer;
   BEGIN
      gewinn := false;
      FOR i := 1 TO anzlsg DO
         IF lsg [i] <= fm THEN gewinn := true;
      gewonnen := gewinn
   END (* gewonnen *);
FUNCTION schlecht (meine, deine : feldmenge; VAR kenntnisse : wissensdatei) :
boolean;
   VAR
      kandidatgefunden : boolean;
      meinekenntnis, deinekenntnis : feldmenge;
   BEGIN
      reset (kenntnisse);
      kandidatgefunden := false;
      WHILE NOT (eof (kenntnisse) OR kandidatgefunden) DO
         BEGIN
            meinekenntnis := kenntnisse^;
            get (kenntnisse);
            deinekenntnis := kenntnisse^;
            get (kenntnisse);
            kandidatgefunden := (meine = meinekenntnis) AND (deine = deinekenntnis)
         END (* WHILE *);
      schlecht := kandidatgefunden
   END (* schlecht *);
PROCEDURE macheschlecht (meine, deine : feldmenge; VAR kenntnisse : wissensdatei);
(* fuegt meine und deine an die kenntnisse an *)
   BEGIN
      WHILE NOT eof (kenntnisse) DO get (kenntnisse);
      kenntnisse^ := meine;
      put (kenntnisse);
      kenntnisse^ := deine;
      put (kenntnisse)
   END (* macheschlecht *);
```

```pascal
PROCEDURE eroeffne (VAR kenntnisse : wissensdatei);
(* eroeffnet eine neue oder alte Wissensdatei *)
   VAR
      antwort : char;
   BEGIN
      write ('Tic Tac Toe. Hat der Rechner Vorkenntnisse (J/N) --> ');
      read (antwort);
      writeln;
      IF antwort IN ['J', 'j']
         THEN reset (kenntnisse, 'TICTAC')
         ELSE rewrite (kenntnisse, 'TICTAC')
   END (* eroeffne *);
PROCEDURE ichziehe (VAR kenntnisse : wissensdatei; VAR meine, deine, frei,
      meinalt, deinalt : feldmenge; VAR gezogen : boolean; anzfelder : integer);
(* der Rechner versucht, unter Beruecksichtigung seiner Kenntnisse zu ziehen *)
   VAR
      nummer : integer;
   BEGIN
      nummer := 0;
      gezogen := false;
      REPEAT (* suche naechstmoeglichen Zug und probiere ihn *)
         REPEAT
            nummer := nummer + 1
         UNTIL (nummer IN frei) OR (nummer = anzfelder);
         IF nummer IN frei
            THEN
               BEGIN (* falls ok, ziehe auf Feld mit errechneter Nummer *)
                  meine := meine + [nummer];
                  IF schlecht (meine, deine, kenntnisse)
                     THEN meine := meine - [nummer]
                     ELSE
                        BEGIN
                           writeln ('   Ich ziehe auf Feld Nr. ', nummer);
                           frei := frei - [nummer];
                           meinalt := meine;
                           deinalt := deine;
                           gezogen := true
                        END (* ELSE *)
               END (* THEN *)
      UNTIL gezogen OR (nummer = anzfelder);
      IF NOT gezogen THEN macheschlecht (meinalt, deinalt, kenntnisse)
   END (* ichziehe *);
```

```
BEGIN (* tictactoe *)
   eroeffne (kenntnisse);
   initialisiere (lsg, anzlsg, n);
   REPEAT (* spiele wiederholt *)
      ausgangslage (meine, deine, frei, dubistdran, anzfelder);
      REPEAT (* zeige Situation und ziehe *)
         zeigelage (meine, deine, n);
         IF dubistdran
            THEN
               BEGIN
                  duziehst (deine, frei);
                  gezogen := true;
                  sieg := gewonnen (lsg, anzlsg, deine);
                  IF sieg THEN macheschlecht (meinalt, deinalt, kenntnisse)
               END (* THEN *)
            ELSE
               BEGIN
                  ichziehe (kenntnisse, meine, deine, frei, meinalt,
                        deinalt, gezogen, anzfelder);
                  sieg := gewonnen (lsg, anzlsg, meine)
               END (* ELSE *);
         dubistdran := NOT dubistdran
      UNTIL sieg OR (frei = [ ]) OR NOT gezogen;
      (* melde Ausgang des Spiels und biete neues an *)
      IF sieg AND NOT dubistdran THEN writeln ('  Du hast gewonnen. Gratuliere!')
      ELSE IF sieg AND dubistdran THEN writeln ('  Ich habe gewonnen. Hurra!')
      ELSE IF NOT gezogen THEN writeln ('  Ich gebe auf. Du hast gewonnen!')
      ELSE writeln ('  Diesmal war''s unentschieden. Du hast clever gespielt!');
      write ('Willst Du nochmal spielen (J/N) --> ');
      read (antwort);
      writeln
   UNTIL NOT (antwort IN [ 'J', 'j' ]);
   close (kenntnisse, lock);
   write ('Es hat Spass gemacht. Ich habe viel gelernt. Du wirst schon sehen...')
END (* tictactoe *).
```

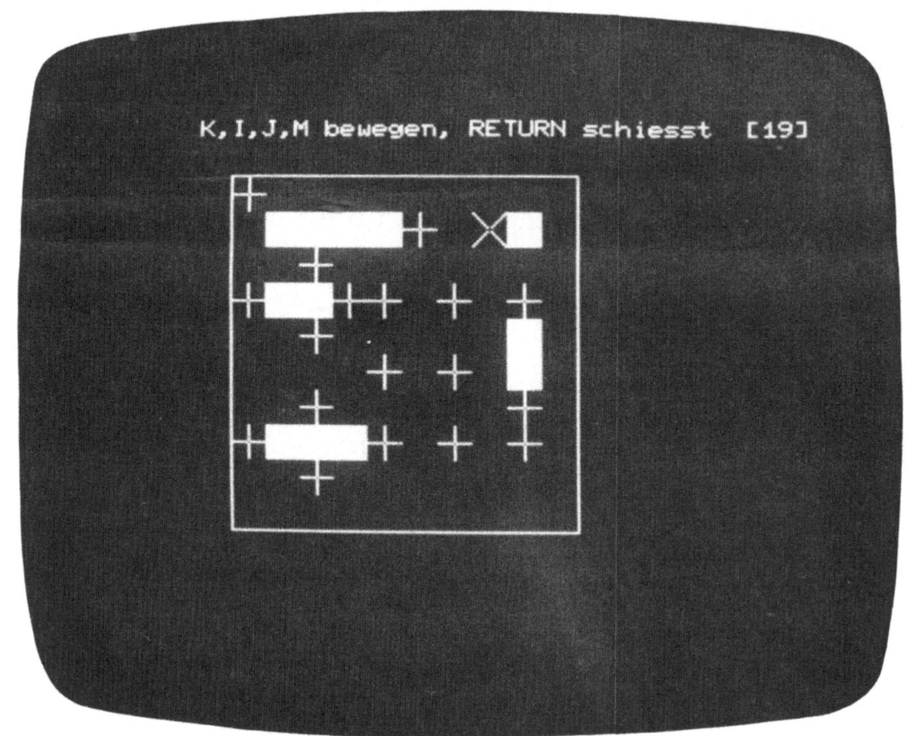

3. Bibliographische Hinweise und Quellen

Das definierende Dokument für die Sprache Pascal ist von Jensen/Wirth verfaßt worden. Seit einiger Zeit gibt es Bestrebungen zur Standardisierung der Sprache, weil das definierende Dokument in vielen Punkten unklar ist und auch einige Erweiterungen der Sprache festgeschrieben werden sollen. Von der International Standards Organization (ISO) wurde im Dezember 1981 ein vorläufiger internationaler Standard (Draft International Standard ISO/DIS7189) veröffentlicht, der auf dem britischen Standardisierungsvorschlag von Addyman fußt. Inzwischen hat das American National Standards Institute (ANSI) in Zusammenarbeit mit dem Institute of Electrical and Electronics Engineers (IEEE) den Sprachstandard ANSI/IEEE Standard Pascal Computer Programming Language, ANSI/IEEE770X3.97-1983 entwickelt und publiziert.

Das definierende Dokument für UCSD-Pascal ist das 1978 erschienene UCSD-Pascal Users Manual von Softech Microsystems; UCSD-Pascal ist ein geschütztes Warenzeichen des Dekanats der University of California. Die auf dem Apple II verfügbare Version von UCSD-Pascal ist im Apple Pascal Language Reference Manual beschrieben.

Die Zahl der Programmierlehrbücher für die Sprache Pascal ist kaum noch zu übersehen. Erwähnenswert erscheinen uns die Lehrbücher von Welsh/Elder, Cooper/Clancy, Findlay/Watt, Grogono, Ottmann/Widmayer und nicht zuletzt von Wirth, das zahlreiche wichtige DV-Algorithmen als Pascalprogramme formuliert enthält. Für dialogführende Programme wichtige Prinzipien sind dargestellt bei Nievergelt/Ventura und Schmitt.

Die meisten Alltagsprobleme und Beispiele aus den Bereichen Algebra, Textverarbeitung, Graphik und Statistik dürften so oder ähnlich wohl in fast allen Programmierkursen über höhere Programmiersprachen vorkommen. Einige besonders schöne Beispiele verdanken wir unserem Kollegen L. Wegner: Er hat Grundgedanken der Probleme 1, 5, 9, 18, 30 und 46 bereits in Übungsaufgaben verwendet, als (in Karlsruhe) noch Algol 60 als Programmiersprache für Anfänger unterrichtet wurde.

Die in den Problemen "Bubblesort" und "Volkszählung" behandelten Verfahren zum Sortieren von Schlüsselmengen gehören zu den wichtigsten und am besten untersuchten DV-Algorithmen. Das Standardwerk zu diesem Thema ist das Buch von Knuth. Auch Wirth, Aho/Hopcroft/Ullman und Standish behandeln wichtige DV-Algorithmen. Das im Problem "Zeigerrotation" gezeigte Verfahren zum Durchlaufen eines Baumes ist bei Standish beschrieben. Das Verfahren zur Konstruktion eines minimalen spannenden Baumes (vgl. Problem "Verkabelung") ist als Prim/Dijkstra-Algorithmus bekannt und lehnt sich an die bei Aho/Hopcroft/Ullman angegebene Version an. Die meisten Optimierungsprobleme, wie beispielsweise das "Rundreise" zugrundeliegende Problem, in einem gegebenen gewichteten Graphen eine kürzeste geschlossene Tour zu finden, die jeden Knoten genau einmal besucht, gehören zur Klasse der sogenannten NP-harten Probleme (vgl. Garey/Johnson). Dasselbe gilt für das Problem "Diplomatenkoffer". Für sie ist nicht in jedem Einzelfall eine Lösung schnell zu finden. Man weicht daher auf möglichst effiziente heuristische Verfahren zur Bestimmung von Näherungslösungen aus. Das gängige Verfahren zur Lösung linearer Optimierungsaufgaben, wie sie in den Problemen "Blutrünstig" und "In vino veritas" auftreten, ist das von Dantzig bereits 1951 beschriebene Simplexverfahren. Dieses Verfahren benötigt zwar im schlechtesten Fall exponentiell viel Zeit, ist aber erfahrungsgemäß im Mittel ganz gut. Khachian hat 1979 einen Algorithmus angegeben, der das lineare Optimierungsproblem sogar im schlechtesten Fall in Polynomzeit löst. Die in den Problemen "Primzahl" und "Zerlegung in Primfaktoren" verwendeten Verfahren eignen sich nicht, um für sehr große Zahlen mit mehreren hundert Dezimalstellen, die z.B. in modernen Kryptographieverfahren benötigt werden (public key cryptosystems, vgl. Rivest/Shamir/Adleman), die Primzahleigenschaft zu überprüfen. In neuester Zeit wurden von Solovay/Strassen und Cohen/Lenstra effiziente (probabilistische) Primzahltestverfahren entwickelt. Wirklich schnelle Verfahren zum Zerlegen beliebiger Zahlen in ihre Primfaktoren sind allerdings bis heute nicht gefunden worden.

4. Übersicht über UCSD-Pascal

4.1 Aufbau von Pascalprogrammen

Ein Blick auf die 100 Beispiele von Pascalprogrammen zeigt, daß sich alle Programme in folgende Hauptteile gliedern lassen: in den Programmkopf, den Deklarationsteil und den Anweisungsteil. Pascalprogramme haben genauer stets folgende Form:

```
PROGRAM programmname ( . . . )                              } Programmkopf
USES . . .                        } Unitdeklarationsteil        \
LABEL . . .                       } Markendeklarationsteil       \
CONST . . .                       } Konstantendefinitionsteil     \
TYPE . . .                        } Typdefinitionsteil            > Deklarationsteil
VAR . . .                         } Variablendeklarationsteil     /
FUNCTION . . .                    } Funktions- und               /
PROCEDURE . . .                   } Prozedurdeklarationsteil     /
BEGIN
    . . .                         } Folge von durch Semikolon    } Anweisungsteil
    . . .                         } getrennten Anweisungen
END.
```

Der Deklarationsteil dient zur Vereinbarung der im Anweisungsteil verwendeten Objekte (Units, Marken, Konstanten, Typen, Variablen, Prozeduren und Funktionen). Deklarations- und Anweisungsteil zusammen bilden einen Block. Die Deklarationen müssen stets in der angegebenen Reihenfolge vorgenommen werden. Es dürfen aber einige (oder gar alle) Deklarationsteile ausgelassen werden. Jedoch muß jeder im Anweisungsteil auftretende, nicht standardmäßig vordefinierte Name zuvor im Deklarationsteil vereinbart sein.

Das Vokabular, aus dem Pascalprogramme aufgebaut werden können, besteht aus Buchstaben, Ziffern und Sonderzeichen. Aus Buchstaben und Ziffern kann man Namen (Bezeichner, Identifier) bilden; sie müssen stets mit einem Buchstaben beginnen. Sonderzeichen sind die Operatoren

```
:=   +   -   *   /   =   <>   <   <=   >   >=
```

sowie die Symbole

```
.   ..   ,   ;   :   '   (   )   [   ]   (*   *)   {   }
```

Zu den Sonderzeichen werden auch die reservierten Worte (Schlüsselworte) gezählt, die nur in der durch die Pascal-Syntax festgelegten Weise und nicht als Namen benutzt werden dürfen. Wir haben sie in den Programmbeispielen stets groß geschrieben, um sie optisch hervorzuheben. Es sind dies in alphabetischer Reihenfolge

AND ARRAY BEGIN CASE CONST DIV DO DOWNTO ELSE END FILE FOR FUNCTION
GOTO IF IN INTERFACE IMPLEMENTATION LABEL MOD NIL NOT OF OR PACKED
PROCEDURE PROGRAM RECORD REPEAT SEGMENT SEPARATE SET THEN TO TYPE
UNTIL USES VAR WHILE WITH

Von den reservierten Worten zu unterscheiden sind die Standardnamen zur
Bezeichnung vordefinierter Units, Konstanten, Typen, Variablen, Funktionen und
Prozeduren. Sie haben auch ohne eine (explizite) Vereinbarung im Deklarationsteil eine
(implizite) standardmäßige, aber oft implementationsabhängige Bedeutung.

Kommentare sind in die Klammern (* und *) oder { und } eingeschlossen; sie werden
vom Übersetzer überlesen und haben folglich keine Bedeutung für die Wirkung eines
Programms.

Das Semikolon dient im Deklarationsteil als Trennzeichen zwischen
aufeinanderfolgenden Deklarationen und im Anweisungsteil als Trennzeichen zwischen
aufeinanderfolgenden Anweisungen. Ferner trennt es den Programmkopf vom
Deklarationsteil und diesen vom Anweisungsteil.

Programme, die Funktions- oder Prozedurdeklarationen enthalten, zeigen eine
Blockstruktur: Funktions- und Prozedurdeklarationen sind ähnlich aufgebaut wie
Programme. Auf einen Funktions- bzw. Prozedurkopf folgen ein Deklarationsteil und ein
Anweisungsteil. Deklarationsteile von Funktionen und Prozeduren können ihrerseits
Funktions- und Prozedurdeklarationen enthalten. Man erhält so eine (evtl. mehrfach)
geschachtelte Struktur von Blöcken mit dem Programmblock als äußerstem Block. Die
Vereinbarungen von Namen für Units, Marken, Konstanten, Typen, Variablen,
Prozeduren und Funktionen haben stets nur lokale Gültigkeit: Sie gelten in dem Block,
in dem sie vereinbart sind, und in allen untergeordneten Blöcken (sofern sie nicht in
untergeordneten Blöcken erneut vereinbart sind). Namen, die in einem Block verwendet
werden und in einem übergeordneten Block vereinbart sind, heißen globale Namen.

4.2 Daten und Typen

Alle Daten, die durch ein Programm verarbeitet werden, haben einen entweder explizit
vereinbarten oder implizit gegebenen Typ. Der Typ legt den Bereich der Werte fest,
aus dem die Daten stammen oder genommen werden müssen. Man unterscheidet
standardmäßig vorhandene und selbstdefinierte Typen. Konstante und Literale (das sind
namenlose Konstante) haben (von selbst) einen Typ. Variablen wird in einer
Variablendeklaration ein Typ zugeordnet. Operatoren und Funktionen verlangen jeweils
bestimmte Typen für die Argumente und Werte.

Es gibt in Pascal einfache Typen, strukturierte Typen und Zeigertypen. Zu den
einfachen Typen gehören die vordefinierten Typen integer, boolean, real und char und
die selbstdefinierbaren Aufzählungs- und Ausschnittstypen. Strukturierte Typen sind
Feld (array), Verbund (record), Menge (set) und Datei (file). Vordefiniert sind der

feldähnliche Typ <u>string</u> und die Dateitypen <u>text</u> und <u>interactive</u>.

Wir haben im folgenden kurz das Wichtigste zu den verschiedenen Typen zusammengestellt.

4.2.1 Der Typ <u>integer</u>

Er umfaßt eine implementationsabhängige Teilmenge der ganzen Zahlen, und zwar den Bereich von -maxint bis +maxint, wobei maxint eine Standardkonstante ist, die die größte auf dem Rechner darstellbare Zahl bezeichnet. (Auf dem Apple II hat maxint den Wert 2**16-1.) Integer-Literale können in der üblichen Weise aus Dezimalziffern mit oder ohne Vorzeichen gebildet werden.

Operatoren mit Argumenten und Werten vom Typ integer sind die arithmetischen Operatoren + - * <u>DIV</u> (für die ganzzahlige Division) <u>MOD</u> (für den Rest bei ganzzahliger Division). Auch der Divisionsoperator / ist auf ganzzahlige Argumente anwendbar. Er liefert aber ein Ergebnis vom Typ real. Einige Standardfunktionen mit Argumenten und Werten vom Typ integer sind:

abs   liefert den Absolutbetrag des Arguments,
sqr   liefert das Quadrat des Arguments,
succ   liefert den Nachfolger des Arguments,
pred   liefert den Vorgänger des Arguments,
       (wenn Nachfolger bzw. Vorgänger überhaupt existieren).
Es ist also
succ(x) = x+1   für x < maxint
pred(x) = x-1   für x > -maxint.

Die Funktionen succ und pred sind nicht nur auf Argumente vom Typ integer anwendbar, sondern auch auf Argumente der Typen boolean, char, von Aufzählungs- oder Ausschnittstypen (die sogenannten <u>ordinalen</u> Typen).

Da der Wert von maxint beim Apple II recht klein ist, gibt es außerdem <u>long-integer</u>-Typen, deren Wertebereiche bis zu 36 Dezimalstellen umfassen können. Sie werden mit Angabe der Anzahl der gewünschten Dezimalstellen in eckigen Klammern hinter dem Namen integer vereinbart; die Aussagen über integer-Werte gelten für long-integer-Werte im wesentlichen entsprechend.

4.2.2 Der Typ <u>real</u>

Er umfaßt eine implementationsabhängige Teilmenge der reellen Zahlen. Literale dieses Typs kann man mit Dezimalpunkt und in Exponentenform schreiben, also z.B.

17.4   -0.815   1.74E1   -815E-3

Die arithmetischen Operatoren + - * / liefern für Argumente vom Typ real auch einen Wert vom Typ real. Die Standardfunktionen trunc und round liefern für Argumente vom Typ real Werte vom Typ integer:

trunc(x) liefert die Zahl, die aus x durch Abschneiden der Stellen hinter dem
        Dezimalpunkt entsteht;
round(x) liefert die durch Runden aus x entstehende ganze Zahl.

Die Typkonversion von integer- zu real-Argumenten findet dagegen bei Bedarf automatisch statt (z.B. bei der Anwendung des Operators / auf integer-Argumente). Es gibt ferner eine ganze Reihe von Funktionen, die für Argumente vom Typ real oder integer stets einen Wert vom Typ real liefern. Dazu gehören die Funktionen

sin   cos   atan   log   ln   exp   sqrt

für den Sinus, Cosinus, Arcustangens, Logarithmus zur Basis 10, natürlichen Logarithmus, die Exponentialfunktion und die Quadratwurzel. Sie sind beim Apple II als Bibliotheksfunktionen in der Unit <u>transcend</u> zusammengefaßt. Verwendet man eine dieser Funktionen im Programm, so muß die Unit-Deklaration

USES transcend

unmittelbar auf den Programmkopf folgen.

4.2.3 <u>Der Typ boolean</u>

Er umfaßt genau die zwei Werte false und true in dieser Reihenfolge.

Operatoren zur Verknüpfung boole'scher Werte sind AND, OR und NOT mit der üblichen aus der Aussagenlogik bekannten Bedeutung und die binären Vergleichsoperatoren =, <>, <, <=, > und >=. Für zwei Operanden vom gleichen einfachen oder string-Typ liefern die Vergleichsoperatoren einen Wert vom Typ boolean. Für ein Argument vom Elementtyp und ein zweites vom passenden Mengentyp liefert der Operator IN den logischen Wert true, wenn das Element in der Menge enthalten ist.

Standardfunktionen mit boole'schem Wert sind:

odd   liefert für ein Argument vom Typ integer den Wert true genau dann, wenn das
        Argument ungerade ist.
eoln   ⎫ liefern für ein Argument eines Dateityps den Wert true, wenn das
eof   ⎭ Zeilenende bzw. Dateiende erreicht ist.

4.2.4 <u>Der Typ char</u>

Er umfaßt eine implementationsabhängige Menge von druckbaren Zeichen (character). Dazu gehören mindestens die Ziffern 0 bis 9, die (großen) Buchstaben A bis Z des lateinischen Alphabets und die üblichen Sonderzeichen. Alle Werte des Typs char sind in einer bestimmten Reihenfolge angeordnet. Diese Ordnung kann auf verschiedenen

Rechnern verschieden sein. Allerdings sind Buchstaben und Ziffern jeweils für sich in der natürlichen Ordnung lückenlos angeordnet. Die Standardfunktionen chr und ord erlauben es, für ein Zeichen dessen Ordnungsnummer und umgekehrt für eine Ordnungsnummer das zugehörige Zeichen zu berechnen:

ord(c) ist die Ordnungsnummer des Zeichens c;
chr(i) ist das Zeichen mit Ordnungsnummer i.

Literale vom Typ char werden durch Einschließen eines druckbaren Zeichens in Hochkommas gebildet, also z.B. 'A', 'B', . . . ,' ', . . . Man kann auch Zeichenketten in Hochkommas einschließen; diese sind dann Literale vom Typ

PACKED ARRAY [1 .. n] OF char

oder vom Typ string.

4.2.5 Aufzählungstypen

Durch explizites Auflisten einer endlichen Menge von Namen kann man einen Aufzählungstyp vereinbaren, z.B.

farbe = (rot, gelb, gruen)

Die aufgelisteten Namen sind Konstante des definierten Typs. Neben der Zuweisung sind für Werte vom Aufzählungstyp nur Vergleichsoperationen erklärt. Die Vereinbarung von Aufzählungstypen und die sinnvolle Verwendung von Variablen vom Aufzählungstyp kann wesentlich dazu beitragen, die Lesbarkeit von Programmen zu erhöhen.

Schwierig ist allerdings die Ein- und Ausgabe von Werten eines selbstdefinierten Aufzählungstyps. Man kann zwar einer Variablen x vom Typ farbe den Wert rot (explizit) zuweisen, aber den Wert von x weder auf einfache Weise lesen noch schreiben.

4.2.6 Ausschnittstypen

Durch Angabe einer Unter- und einer Obergrenze eines ordinalen Typs kann man einen zusammenhängenden Ausschnitt dieses (Grund-) Typs vereinbaren, z.B. den Bereich der ganzen Zahlen zwischen 30 und 39 durch

dreissiger = 30 .. 39

Die für den Grundtyp definierten Operationen gelten für den Ausschnittstyp entsprechend. Beim Arbeiten mit Variablen eines Ausschnittstyps ist sorgfältig darauf zu achten, daß keine Werte auftreten, die den vorgegebenen Bereich überschreiten.

4.2.7 Felder

Eine feste Anzahl von Elementen gleichen Typs kann zu einer geordneten und damit indizierbaren Menge von Werten, einem Feld oder array, zusammengefaßt werden. Die

Indizierung erfolgt über die Werte eines ordinalen Typs, die in den bei der Vereinbarung des Feldes anzugebenden Indexbereich fallen müssen. Beispielsweise wird durch die Typvereinbarung

zahlenfolge = ARRAY [untergrenze .. obergrenze] OF integer

ein Feld von ganzen Zahlen mit (obergrenze - untergrenze + 1) Zahlen vereinbart, wobei untergrenze und obergrenze integer-Konstanten sind. Die Vereinbarung von Feldern mit variablen Grenzen ist in Pascal nicht möglich.

Hat i einen Wert vom Typ integer, der im angegebenen Indexbereich liegt und ist a eine Variable vom Typ zahlenfolge, so bezeichnet a[i] das Element mit Index i dieser Zahlenfolge; a[i] ist eine Variable des Grundtyps integer.

Man beachte, daß als Grundtypen von arrays nicht nur einfache (Standard-) Typen, sondern beliebige Typen (außer file) zulässig sind. Man kann also arrays von arrays bilden und erhält so insbesondere "mehrdimensionale" Felder. Soll ein Feld mit Anfangswerten besetzt werden, so muß jedem einzelnen Element ein Wert des Grundtyps zugewiesen werden. Entsprechendes gilt für die Ein- und Ausgabe von Feldern. (Da die Feldgrenzen stets fest vorgegeben sind, bietet sich dafür jeweils ein for-statement an.) Es ist möglich, den Wert einer Variablen eines array-Typs einer anderen Variablen desselben Typs zuzuweisen; dabei werden sämtliche Werte aller Elemente mit einem Schlag, d.h. in einer einzigen Zuweisungsoperation, übertragen.

Um Speicherplatz zu sparen, kann man für arrays (und die anderen zusammengesetzten Typen) durch Voranstellen des Schlüsselworts PACKED eine gepackte Darstellung vereinbaren. In der Logik der Verarbeitung unterscheiden sich solche Werte von ungepackten nicht. Der Typ PACKED ARRAY [1 .. n] OF char für integer-Konstanten n > 1 erlaubt das Arbeiten mit Zeichenfolgen fester Länge. Man kann einer Variablen dieses Typs beispielsweise eine in Hochkommas eingeschlossene Zeichenfolge der Länge n zuweisen oder beide miteinander vergleichen. Komfortablere Möglichkeiten der Manipulation von Zeichenfolgen bietet allerdings der Typ string.

4.2.8 Der Typ string

Der Wertebereich des Typs string ist die Menge der Zeichenfolgen bis zu einer gewissen Maximallänge (beim Apple II 80 Zeichen). Im wesentlichen entspricht dieser Typ dem Typ PACKED ARRAY [1 .. n] OF char, wobei sich aber die Länge der Zeichenfolgen dynamisch ändern darf. Man kann beispielsweise eine kurze in Hochkommas eingeschlossene Zeichenfolge mit einer string-Variablen (kurz: string) vergleichen oder sie dieser zuweisen. Strings sind wie Worte im Lexikon geordnet; das Ergebnis von string-Vergleichen richtet sich nach dieser lexikographischen Ordnung der Zeichenfolgen, die auf der Ordnung der einzelnen Zeichen beruht. Wie bei Feldern kann man auch bei strings auf einzelne Komponenten (Zeichen) über die Indizierung zugreifen. Man darf stets nur Indizes innerhalb des aktuell belegten Teilbereichs für den Zugriff verwenden. Die Ein- und Ausgabe für Werte des Typs string ist standardmäßig möglich.

Außerdem unterstützt UCSD-Pascal den Umgang mit strings durch die folgenden vordefinierten Funktionen und Prozeduren:

Funktionen:

length(s)	liefert die Länge von string s;
pos(s1,s2)	liefert die Position, an der string s1 in string s2 auftritt;
concat(s1,s2,…)	liefert die Verkettung der strings s1, s2, … ;
copy(s,i,l)	liefert den Teilstring der Länge l des strings s, der an Position i beginnt.

Prozeduren:

delete(s,i,l)	entfernt den Teilstring der Länge l aus string s, der an Position i beginnt;
insert(s1,s2,i)	fügt string s1 in string s2 an Position i ein;
str(k,s)	stellt den ganzzahligen Wert k als string s dar.

Variationen des Typs string der Standardlänge (80 Zeichen) erhält man durch Angabe einer Länge (bis zu 255) in eckigen Klammern hinter dem Typnamen string, etwa in der Variablendeklaration

vorname : string [16]

4.2.9 Verbunde

Ein Verbund (record) besteht aus einer **festen** Anzahl von Komponenten möglicherweise **verschiedener** Typen. Die einzelnen Komponenten werden nicht durch einen Index, sondern durch einen individuellen Namen (field identifier) voneinander unterschieden. Über den Namen erfolgt auch die Auswahl einer Komponente. Die Vereinbarung eines Verbundtyps hat stets die Form

```
typname = RECORD
            fieldidentifier1 : typ1;

            .

            .

            fieldidentifiern : typn
      END
```

Darin müssen die n Komponentennamen (fieldidentifier1,…,fieldidentifiern) innerhalb einer jeden Verbunddeklaration eindeutig sein; ihre Reihenfolge ist ohne Bedeutung. Man beachte, daß die Typen beliebig, also z.B. auch wiederum record-Typen, sein können.

Die Auswahl (Selektion) einer Komponente einer Variablen vom Typ record erfolgt durch Nennung des Variablennamens, gefolgt von einem Punkt, gefolgt vom Komponentennamen. Vereinbart man beispielsweise den Typ

```
complex = RECORD
             realteil : real;
             imteil : real
          END
```

und die Variable c vom Typ complex, so wird durch die beiden Zuweisungen

```
c.realteil := 0;  c.imteil := 1
```

c die imaginäre Zahleinheit als Wert vom Typ complex zugewiesen.

Wie bei arrays müssen also auch Variablen vom Typ record komponentenweise verändert, gelesen und geschrieben werden. Lediglich die Zuweisungsoperation zwischen Variablen desselben Verbundtyps ermöglicht die Änderung von Werten "auf einen Schlag".

Man kann auch <u>records mit Varianten</u> vereinbaren, die in Abhängigkeit vom Wert einer Komponente unterschiedliche Komponenten (Varianten) besitzen. Die die Auswahl der jeweiligen Variante bestimmende Komponente heißt <u>tag-field</u>. Ein Beispiel für eine derartige Typvereinbarung ist

```
veranstaltungstyp = (vorlesung, uebung);
lehrveranstaltung = RECORD
                ort : string;
                zeit : 7 .. 20;
                CASE art : veranstaltungstyp OF
                    vorlesung : (stundenzahl : integer;
                                 dozent : string);
                    uebung : (frequenz : (woechentlich, vierzehntaeglich))
            END
```

Hier ist art das tag-field; ort und zeit sind Komponenten des festen Teils und der zwischen CASE und END stehende Teil bildet den varianten Teil der Vereinbarung. Die Komponenten vorlesung und uebung im obigen Beispiel sind keineswegs Teilkomponenten der Komponente art, sondern stehen auf derselben Schachtelungsstufe wie das tag-field. Ist also beispielsweise x eine Variable des Typs lehrveranstaltung, so sind folgende Zuweisungen sinnvoll:

```
x.ort := 'HMO';
x.zeit := 7;
x.art := vorlesung;
x.stundenzahl := 1;
```

x.dozent := 'T.M.P. Oschwi'

Weil das tag-field den Wert vorlesung hat, ist die Zuweisung

x.frequenz := woechentlich

nicht sinnvoll (obwohl in vielen Systemen möglich!).

4.2.10 Mengen

Die Vereinbarung eines Mengentyps (set) ermöglicht die Zusammenfassung einer variablen Anzahl von Objekten gleichen Typs, des sogenannten Grundtyps. Eine solche Typvereinbarung hat stets die Form

typname = SET OF grundtyp

Beim Apple II darf der Grundtyp höchstens 512 einzelne Werte haben; ist er ein Ausschnitt der ganzen Zahlen, so müssen die Werte zwischen 0 und 511, je einschließlich, liegen. Literale vom Mengentyp gibt man explizit durch Auflisten aller Elemente oder Angabe von Ausschnitten an, so z.B. die Mengen der Vokale und die der Konsonanten, wenn vokale und konsonanten Variable vom Typ SET OF char sind, durch

vokale := ['A', 'E', 'I', 'O', 'U'];
konsonanten := ['B' .. 'D', 'F' .. 'H', 'J' .. 'N', 'P' .. 'T', 'V' .. 'Z']

Die für Mengen wichtigste Relation ist die Elementbeziehung IN; sie liefert den entsprechenden logischen Wert. Darüberhinaus sind für Objekte vom Mengentyp die üblichen mengentheoretischen Operationen und Relationen erklärt, nämlich + (für die Vereinigung), * (für den Durchschnitt), - (für die Mengendifferenz), <= und >= (für die Inklusion), = (für die Gleichheit) und <> (für die Ungleichheit).

Mengen werden meistens dazu verwendet, Programme übersichtlicher und kürzer zu formulieren als dies etwa mit unhandlichen Bedingungen, die mit Hilfe von OR, AND und NOT gebildet werden, möglich wäre. Beispielsweise hat

ch IN konsonanten

genau dann den Wert true, wenn ch ein Konsonant ist.

4.2.11 Dateien

Dateien erlauben beim Apple II den Datenaustausch des Programms (intern) mit den Peripheriegeräten des Rechners (extern), wie etwa der Tastatur, dem Bildschirm, den Disketten, dem Drucker usw. Zu diesem Zweck werden im Programm Dateien als Variable von file-Typen vereinbart und Peripheriegeräten zugeordnet. Standardprozeduren und -Funktionen ermöglichen den Datenaustausch und die Steuerung und Kontrolle der Geräte.

Im Pascal-Programm ist eine Datei (file) eine <u>beliebig lange</u> Folge von Komponenten <u>desselben</u> Typs. Die Typvereinbarung hat die Form

typname = FILE OF komponententyp

Der Zugriff auf Komponenten ist stets rein sequentiell möglich; die Auswahl einer Komponente erfolgt also nicht etwa über einen Index (wie beim array) oder einen Komponentennamen (wie beim record). Dazu wird mit jeder Variablen eines file-Typs zugleich eine <u>Puffervariable</u> des Komponententyps bereitgestellt, die allein den Zugriff auf file-Komponenten gestattet. Ist f eine file-Variable, so bezeichnet f^ die zugehörige Puffervariable. Man kann sich die Puffervariable als Fenster vorstellen, durch das man eine Komponente der sequentiellen Datei sieht.

Dateien müssen vor den Zugriffen auf Komponenten geöffnet und nach Abschluß der Zugriffe geschlossen werden. Im einzelnen erlauben die im folgenden beschriebenen Standardprozeduren und -Funktionen den Umgang mit Disketten zugeordneten Dateien; auf Dateien, die anderen Geräten zugeordnet sind, ist jeweils der entsprechende Teil der Prozeduren und Funktionen anwendbar.

Prozeduren für geschlossene Dateien:

rewrite(f, dateiname)

> löscht die Datei mit Namen dateiname, falls es sie gibt, und öffnet die als Variable f vereinbarte Datei unter diesem Namen; f ist dann leer.

reset(f, dateiname)

> öffnet die Datei mit Namen dateiname, läßt ihren Inhalt unverändert, und positioniert das Fenster an den Dateianfang.

Funktion für geöffnete Dateien:

eof(f)

> liefert true, wenn das Dateiende erreicht ist. Die Funktion eof ohne Argument bezieht sich auf die Standarddatei input. Bei Eingabe durch die Tastatur liefert eof erst den Wert true, wenn das Zeichen CTRL-C eingetippt worden ist.

Prozeduren für geöffnete Dateien:

reset(f)

> setzt das Fenster an den Dateianfang und überträgt (bei nicht-interaktiven Dateien) die erste Komponente in die Puffervariable f^.

get(f)

> bewirkt das Vorrücken des Fensters der Datei f zur nächsten Komponente und überträgt den Wert dieser Komponente in die Puffervariable f^. Dieser Zugriff darf nur ausgeführt werden, wenn das Dateiende noch nicht erreicht ist, also eof(f) den Wert false hat.

put(f)

> bewirkt das Übertragen des Werts der Puffervariablen f^ in die aktuelle Komponente und das Vorrücken des Fensters der Datei f um eine Komponente. Falls kein Platz für die Komponente auf der Diskette vorhanden ist, liefert eof(f) nach put(f) den Wert true.

close(f, option)

> schließt die Datei f gemäß der angegebenen Option. Die folgenden Optionen sind wichtig:
>
> lock
>
> > verankert die Datei auf der Diskette; sie ist damit permanent gespeichert und steht z.B. für spätere Programmläufe zur Verfügung.
>
> crunch
>
> > unterscheidet sich von lock nur dadurch, daß alle Komponenten hinter der zuletzt betrachteten wegfallen.
>
> purge
>
> > entfernt die Datei von der Diskette.

Für geöffnete Dateien, die Disketten zugeordnet sind, gibt es den zusätzlichen Komfort des Direktzugriffs auf die i-te Komponente mit der Prozedur seek(f, i).

Neben den genannten verfügt der Apple II über eine ganze Reihe systemnaher Zugriffsmöglichkeiten auf Dateien, die auch in die Sprache Pascal eingebettet sind, die aber hier nicht näher erläutert werden sollen (vgl. Apple Pascal Language Reference Manual).

Besonders häufig benötigte files sind solche, die aus Komponenten des Typs char bestehen; sie haben den vordefinierten Typ text bzw. interactive und werden bei der Ein- und Ausgabe genauer behandelt.

Die Dateien, die von den UCSD-System-Teilen (Editor, Compiler, usw.) beim Apple II bearbeitet werden, sind im wesentlichen Dateien mit Komponententyp char, haben aber ein spezielles physisches Format. Sie werden in Apple-Terminologie als Textdateien bezeichnet und sind durch die Nachsilbe .TEXT im Dateinamen gekennzeichnet. Da alle Teile des UCSD-Systems dieses spezielle Format respektieren und berücksichtigen, empfiehlt es sich, Dateien des Typs text oder interactive als Textdateien zu eröffnen, also einen Dateinamen mit Nachsilbe .TEXT zu wählen.

Da die Fehlermöglichkeiten bei Dateioperationen vielfältig sind, sieht Apple-Pascal die parameterlose Funktion ioresult vor, die einen ganzzahligen Wert als Diagnose der Korrektheit der letzten Dateioperation liefert. Liefert ioresult den Wert 0, so war diese Operation korrekt. Die Verwendung von ioresult ist nur sinnvoll, wenn sichergestellt ist, daß das Programm bei Auftreten des Fehlers nicht abgebrochen wird; das erreicht man durch Setzen der Compileroption (*$I-*) vor der Dateioperation (und hinterher Rücksetzen durch (*$I+*)). Mit ioresult kann man also auf bequeme Weise die

Überwachung der Korrektheit von Dateioperationen selbst steuern.

4.2.1.2 Zeigertypen

Durch eine Vereinbarung der Form

typname = ^bezugstypname

wird der Typ eines Zeigers (Verweis, pointer) auf Objekte des zugehörigen Bezugstyps vereinbart. Ein möglicher Wert jeder Variablen vom Zeigertyp ist der auf nichts zeigende Zeiger NIL. Ein typisches Beispiel für die Vereinbarung eines Zeigertyps ist das folgende:

```
lzeiger = ^element;
element = RECORD
              schluessel : integer;
              naechster : lzeiger
         END
```

Eine Variable l vom Typ lzeiger hat als mögliche Werte Zeiger auf Objekte vom Typ element, die insbesondere wiederum eine Komponente vom Typ lzeiger haben.

Die namenlose Variable, auf die l zeigt, wird mit l^ bezeichnet. Diese Variable ist jedoch nicht schon mit der Vereinbarung von l verfügbar, sondern erst, nachdem die Standardprozedur new mit Argument l aufgerufen wurde. Die Bezugsvariable l^ ist eine Variable (des Bezugstyps) neuer Art: ihre Gültigkeit innerhalb des Programms ist nicht wie die der Variablen l an die Blockstruktur gebunden, sondern muß mit der Standardprozedur new explizit in Kraft gesetzt werden, und kann auch mit Hilfe der Standardprozeduren mark und release wieder außer Kraft gesetzt werden.

Zeigertypen erlauben den Aufbau und die Manipulation komplexer Datenstrukturen, wie linearer Listen, Bäume oder beliebiger Graphen.

4.3 Ein- und Ausgabe

Die Eingabe von Daten über die Tastatur und die Ausgabe auf den Bildschirm folgt im wesentlichen den bereits bei Dateien erklärten Regeln, wird aber zusätzlich durch Standardprozeduren und -Funktionen stark unterstützt. Der ein- bzw. auszugebende Text ist eine Folge von Zeichen, die in Zeilen unterteilt ist. Die vordefinierten Typen text und interactive sind Dateitypen mit Komponententyp char, erweitert um das Zeilenende-Zeichen; sie unterscheiden sich lediglich bezüglich des Zugriffs auf Komponenten. Die vordefinierten Dateivariablen input, output und keyboard (kein Echo der Eingabe auf dem Bildschirm) sind vom Typ interactive; sie sind stets geöffnet und dürfen nicht explizit geöffnet oder geschlossen werden. Bei Dateien des Typs interactive bewirkt reset nur das Zurücksetzen des Fensters an den Dateianfang (sofern möglich), aber nicht das Übertragen der ersten Komponente in die

Puffervariable. Neben den bereits genannten gibt es für text und interactive files weitere Standardfunktionen und -Prozeduren.

Funktion für geöffnete text und interactive files:

eoln(f)

    liefert true, wenn ein Zeilenende der Datei f erreicht ist; ohne Parameter bezieht sich eoln auf input.

Prozeduren für geöffnete text und interactive files:

read(f,v)

    liest (übernimmt) von der Datei f den zur Variablen v passenden Wert: Ist v vom Typ char, so wird das nächste Zeichen von f übernommen. Ist v vom Typ integer bzw. real, so werden Leerzeichen und Zeilenende-Zeichen überlesen, und dann wird die längste Zeichenfolge gelesen, die ein integer- bzw. real-Literal darstellt. Der dem Literal entsprechende Wert wird der Variablen v zugewiesen. Fehlt der Parameter f, so bezieht sich read auf input.

readln(f,v)

    liest wie read den zur Variablen v passenden Wert von der Datei f und überliest alle weiteren Zeichen bis einschließlich zum nächsten Zeilenende-Zeichen. Ist v vom Typ char, integer, oder real, so erfolgt das Lesen wie bei read beschrieben; ist v vom Typ string, so wird die ganze gelesene Zeichenfolge außer dem Zeilenende-Zeichen v zugewiesen. Fehlt der Parameter f, so bezieht sich readln auf input.

write(f,a)

    schreibt (überträgt) den Wert des Ausdrucks a auf die Datei f. Ist der Ausdruck vom Typ char, string oder PACKED ARRAY [1 .. n] OF char, so wird die entsprechende Zeichenfolge (das Zeichen) geschrieben. Hat der Ausdruck den Typ integer bzw. real, so wird ein entsprechendes Literal geschrieben; in diesem Fall kann man außerdem eine Mindestbreite und bei real-Ausdrücken zusätzlich die Anzahl der Stellen hinter dem Dezimalpunkt, jeweils durch Doppelpunkt getrennt, hinter dem Ausdruck angeben, also in der Form
write(f, integer-Ausdruck : Mindestbreite) bzw.
write(f, real-Ausdruck : Mindestbreite : Dezimalstellen).
Benötigt der Ausdruck zur Darstellung weniger Zeichen als die angegebene Mindestbreite, so werden führende Leerzeichen geschrieben. Das ist vor allem bei der Ausgabe von Tabellen usw. nützlich. Fehlt der Parameter f, so bezieht sich write auf output.

writeln(f,a)

    schreibt wie write den Wert des Ausdrucks a auf die Datei f, und schreibt anschließend zusätzlich ein Zeilenende-Zeichen. Fehlt der Parameter f, so bezieht sich write auf output.

page(f)

> schreibt ein Seitenwechsel-Zeichen auf die Datei f. Insbesondere löscht page(output) den Inhalt des Bildschirms und positioniert den Cursor in die linke obere Ecke.

Als Parameter von read, readln, write und writeln sind statt einzelner Variablen bzw. Ausdrücke auch durch Kommas getrennte Listen von Ausdrücken zugelassen. Dabei entspricht z.B. read(f,v1,v2,v3) der Folge der statements read(f,v1); read(f,v2); read(f,v3).

4.4 Anweisungen

Die im Deklarationsteil eines Programms eingeführten Marken, Konstanten, Typen, Variablen, Funktionen und Prozeduren können (wie die standardmäßig vordefinierten Namen) im Anweisungsteil benutzt werden. Der Anweisungsteil besteht aus einer Folge von durch Semikolon getrennten einzelnen Anweisungen (statements). Die vier wichtigsten Anweisungsarten, die Pascal kennt, sind:

Zuweisung (assignment statement),
bedingte Anweisungen (if- und case-statement),
Wiederholungsanweisungen (while-, repeat- und for-statement),
Prozeduraufruf (procedure call).

Ferner gibt es noch die zusammengesetzte Anweisung (compound statement), die leere Anweisung (empty statement), das im Zusammenhang mit Daten vom Typ record nützliche with-statement und die Sprunganweisung (goto-statement).

Wir stellen nun kurz das Wichtigste zu den verschiedenen Anweisungen zusammen.

4.4.1 Zuweisung

Die Zuweisung (assignment statement) ermöglicht es, der Variablen auf der linken Seite des Zuweisungssymbols := den Wert des Ausdrucks auf der rechten Seite zu geben. Diese Anweisung hat also stets die Form

variable := ausdruck

Genau genommen tritt auf der linken Seite ein Variablenname auf, der natürlich zuvor deklariert sein, also insbesondere einen ganz bestimmten Typ haben muß. Anstelle des Variablennamens kann dabei (innerhalb einer Funktionsdeklaration) auch der Name einer Funktion auftreten.

Ausdrücke werden wie üblich aus Variablen, Konstanten, Funktionsaufrufen und Operatoren ggfs. mit Hilfe von Klammern gebildet. Jeder korrekt gebildete Ausdruck hat einen rein syntaktisch, d.h. aus seinen Bestandteilen ablesbaren (Wert-) Typ. Der Typ des Ausdrucks auf der rechten Seite einer Zuweisung muß zum Typ der Variablen auf der linken Seite passen.

Bei der Bildung von Ausdrücken ist auf die Bindungskräfte der Operatoren zu achten. Die Ordnung der in Pascal vorhandenen Operatoren nach abnehmender Priorität ist wie folgt:

NOT
* / DIV MOD AND
+ - OR
= <> < <= > >= IN
(in einer Zeile aufgeführte Operatoren haben dieselbe Priorität).

Wird eine andere als die durch diese Prioritäten bestimmte Auswertungsreihenfolge gewünscht, müssen Klammern gesetzt werden. Treten in einem Ausdruck Operatoren derselben Priorität (ohne Klammerung) nebeneinander auf, werden sie von links nach rechts ausgewertet. In Ausdrücken können Aufrufe von standardmäßig vordefinierten wie auch von selbstdefinierten Funktionen vorkommen. Jeder Funktionsaufruf liefert einen Wert eines ganz bestimmten Typs, der bei selbstdefinierten Funktionen in der Funktionsdeklaration genannt ist und aus dem Funktionskopf ablesbar ist:

FUNCTION funktionsname (argumentliste) : werttyp

Dem Funktionsnamen muß innerhalb des Anweisungsteils der Funktionsdeklaration ein Wert (vom Werttyp) zugewiesen werden. In der Argumentliste sind die Argumente der deklarierten Funktion mit ihren Typen aufgeführt. Die Argumentliste ist eine Liste formaler Parameter, für die die im Abschnitt über Prozeduren gemachten Ausführungen entsprechend gelten.

4.4.2 Bedingte Anweisungen

Pascal kennt zwei Möglichkeiten, die Ausführung von Anweisungen von den Werten logischer Ausdrücke abhängig zu machen, das if-statement und das case-statement. Das if-statement tritt in den beiden Formen

IF bedingung THEN statement

und

IF bedingung THEN statement ELSE zweites statement

auf. Die Bedingung wird als logischer Ausdruck angegeben, der in jedem Fall zunächst ausgewertet wird. Hat er den Wert true, so wird das nach THEN stehende statement ausgeführt. Hat der logische Ausdruck den Wert false, so geschieht bei fehlendem else-Teil nichts, und im anderen Fall wird das nach ELSE stehende zweite statement ausgeführt.

Jedes der statements kann eine beliebige Anweisung sein, insbesondere also wiederum ein if-statement. Die bei derart geschachtelten if-statements mögliche syntaktische Mehrdeutigkeit wird in Pascal dadurch vermieden, daß im Zweifel jedes ELSE zum am nächsten davor stehenden IF gehört, das nicht bereits selbst ein (anderes) ELSE besitzt.

Es empfiehlt sich oft, in geschachtelten if-statements eine "Klammerung" von Anweisungen mit BEGIN und END vorzunehmen, oder etwa bei geschachtelten if-statements stets nur die else-Klausel zu schachteln. Ein so geschachteltes if-statement hat die Form:

IF bedingung1 THEN statement1
ELSE IF bedingung2 THEN statement2

    .

    .

ELSE IF bedingungn THEN statementn
ELSE statementn+1

Jetzt ist man auch syntaktisch bereits sehr nahe bei der zweiten Form der bedingten Anweisung, dem case-statement. Es hat stets folgende Form:

CASE ordinaler ausdruck OF
    case-label-list-1 : statement1;

        .

        .

    case-label-list-n : statementn
END

In den case-label-lists treten Konstante auf, die mögliche (aktuelle) Werte des ordinalen Ausdrucks sind. Alle in den case-label-lists auftretenden Konstanten müssen verschieden sein. Ihre Anordnung ist jedoch beliebig.

Die Ausführung eines case-statements bewirkt, daß zunächst der ordinale Ausdruck ausgewertet wird. Dann wird dasjenige statement ausgeführt, in dessen case-label-list der Wert des Ausdrucks auftritt. Das case-statement bewirkt also die Auswahl einer Alternative in Abhängigkeit vom Wert eines Ausdrucks. Es wird nicht verlangt, daß alle möglichen Werte des ordinalen Ausdrucks in den case-label-lists vorkommen. Nimmt der Ausdruck einen Wert an, der in keiner case-label-list auftritt, so hat das case-statement keine Wirkung.

4.4.3 Wiederholungsanweisungen

Um die Wiederholung einer Anweisung oder einer ganzen Gruppe von Anweisungen in Abhängigkeit von einer Abbruchbedingung steuern zu können, verfügt Pascal über drei verschiedene Möglichkeiten: das for-, das while- und das repeat-statement.

Wird zum Abbruch nur ein Zähler von einem Anfangswert zu einem Endwert herauf-

oder heruntergezählt, dann ist das for-statement die passende Wiederholungsanweisung. Es hat stets die Form:

FOR laufvariable := anfangswert TO endwert DO statement

oder

FOR laufvariable := anfangswert DOWNTO endwert DO statement

Dabei müssen Anfangs- und Endwert Ausdrücke vom selben ordinalen Typ wie die Laufvariable sein. Die Laufvariable darf durch das statement nicht verändert werden. Anfangs- und Endwert werden als Ausdrücke angegeben und jeweils zu Beginn der Ausführung des for-statements einmal ausgerechnet und bleiben dann unverändert. Der Wert der Laufvariablen gilt nach Ausführung des for-statements als nicht definiert. Ein typisches Beispiel für die Benutzung des for-statements ist das Einlesen eines Feldes a von ganzen Zahlen der Länge n in der Form

FOR i := 1 TO n DO read (a[i])

Die Laufvariable i muß eine lokale Variable sein; sie nimmt bei der Ausführung des for-statements nacheinander lückenlos alle Werte von 1 bis n an.

Bei komplizierteren Abbruchbedingungen, insbesondere wenn die Anzahl der Wiederholungen nicht von vornherein bekannt ist, wird das while- oder repeat-statement gewählt.

Das while-statement hat stets die Form

WHILE bedingung DO statement

Es hat folgende Wirkung: Zunächst wird der die Bedingung beschreibende logische Ausdruck ausgewertet. Hat er den Wert true, wird das statement ausgeführt und der logische Ausdruck erneut ausgewertet usw. Wenn die Auswertung des logischen Ausdrucks den Wert false ergibt, wird die Ausführung des while-statements beendet.

Beim while-statement wird also die die Wiederholung des statements steuernde Bedingung jeweils _vor_ Ausführung der Anweisung (am Anfang) überprüft. Das Gegenstück dazu ist das repeat-statement, bei dem die die Anweisung steuernde Bedingung stets _nach_ Ausführung der Anweisung (am Ende) überprüft wird. Das repeat-statement hat stets die Form

REPEAT folge von statements
UNTIL bedingung

Die Folge der statements wird hier solange ausgeführt, bis der die Bedingung beschreibende logische Ausdruck den Wert true erhält. Die Folge von statements wird also wenigstens einmal ausgeführt. Beim while-statement kann es dagegen vorkommen, daß die zu "wiederholende" Anweisung keinmal ausgeführt wird, nämlich dann, wenn die Bedingung bereits zu Anfang nicht erfüllt ist. Ein weiterer Unterschied zwischen while- und repeat-statement ist, daß die Wiederholungsbedingung nach Ausführung des while-statements nicht erfüllt ist, während sie beim repeat-statement am Ende der Ausführung erfüllt ist. For- und repeat-statement lassen sich mit Hilfe des while-statements umschreiben, so daß das while-statement alleine ausreicht, um beliebige Wiederholungen von Anweisungen zu steuern. Zahlreiche Beispiele zeigen jedoch, daß die Verwendung des for- bzw. repeat-statements oft natürlicher ist.

4.4.4 Prozeduren und Funktionen

Prozeduren und Funktionen sind die wichtigsten der von uns behandelten Hilfsmittel, um größere Programme in überschaubare und wohlabgegrenzte Teile zu zerlegen. Auf die Erklärung der Definition von Units haben wir, der Zielsetzung dieses Buches entsprechend, ganz verzichtet. Soweit nicht standardmäßig vordefinierte Funktionen und Prozeduren verwendet werden, müssen sie im Deklarationsteil des Programms deklariert werden, bevor sie im Anweisungsteil aufgerufen werden können. Es gibt zahlreiche Übereinstimmungen zwischen Funktionen und Prozeduren, was Deklaration und Aufruf betrifft. Der wesentliche Unterschied besteht darin, daß ein (korrekter) Prozeduraufruf eine selbständig ausführbare Anweisung ist, während ein Funktionsaufruf einen Wert liefert und damit stets Teil eines Ausdrucks ist. Wir beschränken uns hier darauf, das für die Vereinbarung und den Aufruf von Prozeduren Wesentliche kurz darzustellen. Es gilt sinngemäß auch für Funktionen mit der o.g. Einschränkung.

Zunächst zur Deklaration einer Prozedur: Bis auf den Prozedurkopf ist jede Deklaration einer Prozedur so aufgebaut wie ein Programm, d.h. sie besteht aus einem Deklarationsteil, in dem die für die Prozedur lokalen Namen vereinbart werden, und aus einem Anweisungsteil, der die beim Aufruf der Prozedur auszuführenden Aktionen festlegt. Der Prozedurkopf hat die Form

PROCEDURE prozedurname (parameterliste)

Die Parameterliste ist die Liste der sogenannten formalen Parameter, die beim Aufruf durch entsprechende aktuelle Parameter ersetzt werden. Es gibt im UCSD-Pascal des Apple II zwei verschiedene Arten formaler Parameter:

value-Parameter:
        sie sind wie lokale Variablen aufzufassen, die beim Prozeduraufruf mit den Werten der aktuellen Parameter initialisiert werden;
variable-Parameter:
        sie sind als Synonyme für die jeweils aktuellen Parameter aufzufassen.

Formale Variableparameter müssen durch Voranstellen des Schlüsselworts VAR explizit als solche gekennzeichnet werden. Weil Prozeduren (anders als Funktionen) keinen Wert haben, sondern ein Prozeduraufruf eine Anweisung ist, kann man die von der

Prozedur berechneten Werte an das aufrufende Programm nur über var-Parameter übermitteln (es sei denn, die Prozedur verändert globale Variable; dies läuft jedoch dem Bestreben entgegen, eine saubere Schnittstelle zwischen aufrufender und aufgerufener Prozedur zu schaffen, die den Datentransport in beiden Richtungen explizit erkennen läßt). Während also formale value-Parameter zur Übertragung von Anfangswerten in ein Unterprogramm dienen und beim Aufruf die ihnen entsprechenden aktuellen Parameter nicht verändert werden, dienen formale variable-Parameter zur Übertragung von Werten in beiden Richtungen.

Die unterschiedlichen Parameter sind auch beim Aufruf von Prozeduren zu beachten: Ein Aufruf einer Prozedur erfolgt durch Nennung des Prozedurnamens, gefolgt von der Liste der aktuellen Parameter. Die Zuordnung der formalen zu den aktuellen Parametern erfolgt allein über die Position der Parameter in den Parameterlisten. Daher muß für einen gültigen Prozeduraufruf folgendes beachtet werden: Formale und aktuelle Parameter müssen in Anzahl und Typ übereinstimmen. Ein einem formalen value-Parameter entsprechender aktueller Parameter kann ein beliebiger Ausdruck des entsprechenden Typs sein, ein einem formalen variable-Parameter entsprechender aktueller Parameter jedoch muß eine Variable (passenden Typs) sein (denn nur eine Variable kann "synonym" für eine Variable sein).

Jede Prozedur und Funktion darf innerhalb des auf ihren eigenen Kopf folgenden Blocks ("rekursiv") aufgerufen werden. Es gibt zahlreiche Beispiele für Probleme, die sich auf diese Weise sehr elegant lösen lassen.

4.4.5 with- und goto-Anweisungen

Um insbesondere die Initialisierung und Ein- und Ausgabe komplexer records zu vereinfachen, gibt es in Pascal das with-statement. Es erlaubt, die Auswahl von Komponenten einer record-Variablen so abzukürzen, daß nur noch der Komponentenname (und nicht der gesamte Name der record-Variablen mit selektierter Komponente) genannt werden muß. Beispielsweise kürzt

```
WITH p DO
      WITH name DO
            BEGIN first := 'Thomipe';
                  last := 'Oschwi'
            END
```

die Zuweisungen

```
p.name.first := 'Thomipe';
p.name.last := 'Oschwi'
```

ab, wenn p eine entsprechend vereinbarte record-Variable ist.

250

Schließlich besitzt Pascal ein goto-statement. Es hat die Form

GOTO marke

und bewirkt die Fortsetzung der Ausführung des Programms an der durch die Marke gekennzeichneten Stelle. Marken sind ganze Zahlen und müssen stets im Deklarationsteil vereinbart werden. Wir machen keinen Gebrauch vom goto-statement, weil seine unkontrollierte Verwendung schnell zu kaum noch nachvollziehbaren Programmen führt. Das Verlassen einer Prozedur oder Funktion oder das Beenden des Programms an einer beliebigen Stelle (beispielsweise wegen eines Fehlers) ist nämlich "sauberer" als mit goto mit der Standardprozedur exit möglich, die als Parameter den Prozedur-, Funktions- oder Programmnamen oder das Schlüsselwort PROGRAM akzeptiert.

4.5 Andere Funktionen, Prozeduren und Units

4.5.1 Andere vordefinierte Funktionen und Prozeduren

Neben den bereits beschriebenen verfügt Apple-Pascal über weitere vordefinierte Funktionen und Prozeduren, deren wichtigste im folgenden kurz beschrieben werden.

Funktionen:

trunc(li)

     erlaubt die Typkonversion von long-integer nach integer: für das long-integer-Argument li liefert trunc den gleichen integer-Wert (sofern es ihn gibt).

pwroften(i)

     liefert für das integer-Argument i den real-Wert 10 hoch i.

Prozedur:

gotoxy(x,y)

     versetzt den Cursor auf die Position (x,y) des Bildschirms, ohne dabei den Bildschirminhalt zu ändern. Dabei ist x die horizontale Koordinate (0 .. 79) und y die vertikale (0 .. 23); der Punkt (0,0) ist die linke obere Ecke des Bildschirms.

Daneben gibt es noch einige systemnahe vordefinierte Funktionen und Prozeduren, die wir aber hier nicht betrachten.

4.5.2 Apple-Units

Neben der bereits betrachteten Unit transcend verfügt Apple-Pascal standardmäßig über die beiden Units applestuff und turtlegraphics. Will man Units in einem Pascal-Programm verwenden, so muß man sie zuvor durch eine Unit-Deklaration deklarieren. Diese besteht aus dem Schlüsselwort USES, gefolgt von einer Liste der Namen der Units, also z.B.

USES transcend, applestuff, turtlegraphics

Die wichtigsten Merkmale der Units applestuff und turtlegraphics werden im folgenden kurz erläutert.

4.5.2.1 Die Unit applestuff

Diese Unit erlaubt das Erzeugen von Zufallszahlen, das Verwenden der analogen Eingabe der Drehknöpfe für Spiele und der Eingabe von Audio-Kassetten, und das Erzeugen von Tönen mit dem Lautsprecher des Apple. Die wichtigsten Funktionen und Prozeduren im einzelnen:

random
> ist eine parameterlose Funktion, die als Wert eine pseudo-zufällig gewählte integer-Zahl im Bereich 0 bis maxint liefert. Eine Folge von Aufrufen der Funktion liefert eine Pseudo-Zufallszahlenfolge; diese Zahlenfolge ist für ein gegebenes Programm bei jedem Programmlauf dieselbe.

randomize
> ist eine parameterlose Prozedur, die dafür sorgt, daß sich der Startpunkt für den Zufallszahlengenerator bei jeder Ein- oder Ausgabeoperation (zeitabhängig) ändert. Damit können Pseudozufallszahlenfolgen, die nicht für jeden Programmlauf gleich sind, erzeugt werden.

note(h,d)
> ist eine Prozedur, die einen Ton der Höhe h (0 .. 50) und der Dauer d (0 .. 255), jeweils in gewissen Einheiten, erzeugt. note(1,1) erzeugt ein "Klick".

4.5.2.2 Die Unit turtlegraphics

Der Apple speichert die Inhalte zweier (logischer) Bildschirme, des Text- und des Graphikbildschirms. Mit Hilfe verschiedener Prozeduren aus turtlegraphics ist es möglich, den auf dem physischen Bildschirm zu zeigenden Inhalt auszuwählen (man sagt: auf Text oder Graphik umschalten) und den Graphikbildschirm zu manipulieren. Der Graphikbildschirm besteht aus 192 Zeilen zu je 280 Bildpunkten; die Koordinaten (0,0) bzw. (279,191) bezeichnen die linke untere bzw. rechte obere Ecke des Bildschirms. Zum Graphikbildschirm gehört eine (unsichtbare) Schildkröte (turtle), deren Bewegungen gesteuert werden können und Spuren einer gewählten Farbe hinterlassen. Die Schildkröte sitzt stets an einem gewissen Punkt und schaut in eine gewisse Richtung; sie verkörpert einen graphischen Cursor. Man kann sie auf der Stelle drehen oder geradlinig in ihre Blickrichtung um eine gewisse Entfernung oder zu einem gegebenen Punkt laufen lassen, und man kann die Farbe der Spur wählen, die sie hinterläßt. Die Position und Richtung der Schildkröte können erfragt werden, und Text kann auf den Graphikbildschirm (ab Schildkrötenposition) geschrieben werden. Dazu gibt es den vordefinierten Typ

screencolor = (none, white, black, reverse)

wobei die Farben folgende Bedeutung haben:
none hinterläßt keine Spur;
white hinterläßt eine weiße (helle) Spur;
black hinterläßt eine schwarze (dunkle) Spur;
reverse hinterläßt eine Spur, indem jeder berührte Bildpunkt seine Farbe wechselt (hell vs. dunkel).

Einige der Prozeduren und Funktionen zur Manipulation des Graphikbildschirms sind die folgenden:

initturtle
ist eine parameterlose Prozedur, die den Graphikbildschirm leert und zeigt, als aktuelle Farbe none wählt, und die Schildkröte in die Mitte mit Blick nach rechts positioniert.

grafmode
ist eine parameterlose Prozedur, die den Graphikbildschirm zeigt (und seinen Inhalt unverändert läßt).

textmode
ist eine parameterlose Prozedur, die den Textbildschirm zeigt (und seinen Inhalt unverändert läßt); grafmode und textmode erlauben das Hin- und Herschalten zwischen Text und Graphik.

pencolor(f)
wählt die aktuelle Farbe f vom Typ screencolor.

turnto(g)
dreht die Schildkröte auf Winkel g (in Grad, zwischen −359 und 359); bei 0 Grad blickt die Schildkröte nach rechts, bei 90 Grad nach oben, usw.

turn(g)
dreht die Schildkröte um g Grad im Gegenuhrzeigersinn.

move(d)
bewegt die Schildkröte um Distanz d (in Bildpunkten) geradlinig in ihrer aktuellen Richtung; dabei hinterläßt sie eine Spur der durch pencolor gewählten Art.

moveto(x,y)
bewegt die Schildkröte geradlinig zum Bildpunkt (x,y); sie hinterläßt eine Spur wie bei move. Die Blickrichtung der Schildkröte ändert sich nicht.

wchar(ch)

schreibt Zeichen ch mit dem aktuellen Schreibmodus an die aktuelle Schildkrötenposition; die Schildkröte wandert um die Breite des Zeichens nach rechts (7 Bildpunkte).

wstring(s)

schreibt den string s mit dem aktuellen Schreibmodus an die aktuelle Schildkrötenposition; die Schildkröte wandert entsprechend (siehe wchar) nach rechts.

chartype(m)

wählt den aktuellen Schreibmodus gemäß integer-Parameter m. Einige der Werte für m und ihre Bedeutung:

m = 5

dunkles Zeichen auf hellem (rechteckigem) Grund;

m = 6

logisches <> des Zeichens mit dem Bildschirm; das zweite Schreiben eines Zeichens an eine Stelle in diesem Modus stellt das alte Bild wieder her;

m = 10

helles Zeichen auf dunklem Grund (Normalmodus);

m = 14

logisches OR des Zeichens mit dem Bildschirminhalt.

Literatur

Addyman, A.M.: A Draft Proposal for Pascal, SIGPLAN Notices, Vol.15, No.4, 1980, pp.1-66.

Aho, A.V., Hopcroft, J.E. and Ullman, J.: Data Structures and Algorithms, Reading 1983.

Apple Computer INC.: Apple Pascal Language Reference Manual, Cupertino, California 1979.

Cohen, H. and Lenstra, H.W. Jr.: Primality Testing and Jacobi Sums, Report 82-18, University of Amsterdam, Dept. of Math. 1982.

Cooper, D. and Clancy, M.: Oh! Pascal!, New York 1982.

Dantzig, G.: Maximization of a Linear Function of Variables Subject to Linear Inequalities. In: Activity Analysis of Production and Allocation, T.C.Koopmans, Ed., New York 1951.

Findlay, W. and Watt, D.A.: PASCAL: An Introduction to Methodical Programming, London 1979.

Garey, M.R. and Johnson, D.S.: Computers and Intractability: A Guide to the Theory of NP-Completeness, San Francisco 1979.

Grogono, P.: Programming in PASCAL, Revised Edition, Reading 1980.

Jensen, K. and Wirth, N.: Pascal User Manual and Report, Second Edition, New York, Heidelberg, Berlin 1975.

Khachian, L.G.: A Polynomial Time Algorithm for Linear Programming, Doklady Akad. Nauk SSSR 244, 5, 1979, pp.1093-1096.

Knuth, D.: The Art of Computer Programming, Vol.3: Sorting and Searching, Reading 1973.

Nievergelt, J. and Ventura, A.: Die Gestaltung interaktiver Programme, Stuttgart 1983.

Ottmann, T. and Widmayer, P.: Programmierung mit PASCAL, 2.Auflage, Stuttgart 1982.

Rivest, R.L., Shamir, A. and Adleman, L.: A Method for Obtaining Digital Signatures and Public-Key Cryptosystems, Comm. ACM, 21, 2, 1978, pp.120-126.

Schmitt, A.: Dialogsysteme, Mannheim 1983.

Solovay, R. and Strassen, V.: A Fast Monte-Carlo Test for Primality, SIAM J. Comp. 6, 1977, pp.84-85.

Standish, T.A.: Data Structure Techniques, Reading 1980.

Welsh, J. and Elder, J.: Introduction to Pascal, Englewood Cliffs 1979.

Wirth, N.: Algorithms + Data Structures = Programs, Englewood Cliffs 1976.

Liste der Pascal-Beispiele und Querverweise

Pascal-Merkmal \ Thema	Alltagsprobleme	Algebra	Optimierung	DV-Algorithmen	Textverarbeitung	Graphik	Statistik	Spiele
If	1 5 6 12 24 30 34		75	11 74			61	
Ein-, Ausgabe	2 3 4 14 26 33 81 82	3 20						
Schleife	7 12 14 18 24 30 33 40 41 42	8 10 19 21 25 27 49 51 54 55 56 57 68	9 77 79 83 84	11 47 48 52 63 74 85	35 37 50	43 62	44 61 64 66 67	47 48
Arithmetik	13 33	15 19 22 23	75 77					
Case	17 24 28	16 38		76				
Funktion	28 29	25 27 32		31				70
Rekursion	46 58 59 60 69 72	27 32	71	78 86				70
File			83	76	35 36			
String					37 39			
Record	81 82	38	79	73 76 80 85 86 87	80			
With		38						
Array	40 41 42	45 49 51 53 54	77	63 73 76 78	50	43 62	44	
Zeiger				80 85 86 87	80			
Prozedur	69	45 56		73 86		65		

MikroComputer–Praxis

Die Teubner-Buchreihe für Ausbildung, Beruf, Freizeit und Hobby

Duenbostl/Oudin: **BASIC-Physikprogramme**
152 Seiten. DM 23,80

Erbs: **Spiele mit PASCAL**
. . . und wie man sie (auch in BASIC) programmiert
In Vorbereitung

Erbs/Stolz: **Einführung in die Programmierung mit PASCAL**
232 Seiten. DM 22,80

Haase/Stucky/Wegner: **Datenverarbeitung heute**
284 Seiten. DM 21,80

Hainer: **Numerik mit BASIC-Tischrechnern**
251 Seiten. DM 26,80

Klingen/Liedtke: **Programmieren mit ELAN**
207 Seiten. DM 22,80

Lehmann: **Lineare Algebra mit dem Computer**
285 Seiten. DM 23,80

Löthe/Quehl: **Systematisches Arbeiten mit BASIC**
188 Seiten. DM 19,80

Menzel: **BASIC in 100 Beispielen**
3. Aufl. 214 Seiten. DM 22,80

 – mit Diskette: Alle BASIC-Programme in APPLESOFT
DM 62,–

 – mit Diskette: Alle BASIC-Programme für CBM 8050/8250 Floppy
DM 62,–

Menzel: **Dateiverarbeitung mit BASIC**
In Vorbereitung

 – mit Diskette: Alle BASIC-Programme in CP/M-Version und APPLE-DOS
3.3-Version sowie eine Testdatei
In Vorbereitung

Nievergelt/Ventura: **Die Gestaltung interaktiver Programme**
124 Seiten. DM 21,80

 – mit Diskette: UCSD-Pascal-Programme für den Apple II Computer
DM 59,80

Ottmann/Schrapp/Widmayer: **PASCAL in 100 Beispielen**
258 Seiten. DM 24,80

 – mit Diskette: UCSD-Pascal-Programme für den Apple II Computer
In Vorbereitung

Die Reihe wird durch weitere Bände fortgesetzt.

Preisänderungen vorbehalten

 B. G. Teubner Stuttgart